콘크리트 실무지침 KCI PM206.1-14

섬유보강 고인성 시멘트 복합재료의 구조적 이용과 성능 평가

대전지역연구회

사단법인 한국콘크리트학회
Korea Concrete Institute

발간사

올해에 우리 학회는 벌써 창립 25주년이 되었습니다. 그동안 우리 학회는 본연의 역할인 해당 분야의 학문과 기술을 향상시키면서 모범 전문학회로서 크게 성장하여 왔습니다. 특히 지난 학회 20주년을 기념하여 보다 체계적인 참고문헌을 발간하기 위하여 '콘크리트실무지침편찬특별위원회'를 구성하여 전문서적을 꾸준히 발간하여 왔습니다.

이 특별위원회(당시 위원장 김상식 명예회원)는 2009년에 처음으로 구성되어 많은 노력 끝에 2010년 말 처음으로 『해양 콘크리트의 염해 내구성 및 설계』, 『매스 콘크리트의 온도 균열 제어』, 『고유동 콘크리트의 제조 및 시공』, 『콘크리트 구조물 이음의 설계 및 시공』, 『콘크리트 양생』 등 5권의 실무매뉴얼을 발간한 바 있습니다. 그 후 2011년 특별위원회는 학회 연구전문위원회의 도움을 받아 출판을 기획하여 『건축 포스트텐션 시스템』, 『PS 긴장재의 시공, 긴장관리 및 그라우팅』, 『콘크리트 장기거동 해석 및 적용』, 『폴리머 콘크리트 복합체의 제조 및 시공』, 『콘크리트 구조물의 방수기술』, 『레디믹스트 콘크리트 품질 문제의 원인 및 대책』, 『콘크리트 제조, 운반 및 타설』 등 7개의 실무매뉴얼을 2012년에 발간하게 되었습니다. 그리고 2012년, 2013년, 2014년에 각각 6개씩 기획된 18개의 실무지침이 현재 작성 중에 있으며, 이 중에서 『국내외 주요 기준의 휨-압축 부재 설계 및 예제』, 『콘크리트 구조물의 철근 부식 진단과 방지 대책』, 『섬유보강 고인성 시멘트 복합재료의 구조적 이용과 성능 평가』, 『프리스트레스트 콘크리트 건축물과 플랜트 구조물의 설계 및 공법』, 『수중구조물의 점검 및 보수보강 지침』, 『시스템 거푸집의 설계와 시공』 6권을 이번에 발간하게 되었습니다. 지난번 발간사에서도 밝힌 바와 같이 이번 발간물도 마지막이 아니고 앞으로 계속 많은 실무지침을 발간할 예정이며, 이미 발간된 매뉴얼도 계속 수정해 나갈 것입니다. 아무쪼록 집필자들의 노력으로 발간된 각종 실무지침들이 회원과 독자 여러분에게 큰 도움이 되기를 바랍니다.

끝으로 지난 몇 년 간 어려운 여건 속에서도 열심히 노력하시어 실무지침을 작성하여 주신 집필책임자 이재훈 회원, 장승엽 회원, 윤현도 회원, 강현구 회원, 김완영 회원, 정하선 명예회원과 집필위원 여러분에게 감사드리며, 세심한 검토를 해주신 특별위원회 여러 위원님들에게도 감사드립니다.

2014. 12.

사단법인 한국콘크리트학회

콘크리트실무지침편찬특별위원회 위원장 김 진 근

학회 회장(13대) 정 란

머리말

최근 환경에 대한 중요성이 인식됨에 따라 콘크리트 산업에 있어서 환경부하 저감을 위한 시멘트 생산 방식 개선 및 산업부산물을 이용한 시멘트의 대체 기술 개발과 함께 장수명 건설 재료 개발에 대한 관심이 고조되고 있습니다.

1990년대 초반, 미국의 Naaman 교수에 의해 기존 섬유보강 콘크리트의 성능을 획기적으로 개선하여 인장강도 및 변형 능력을 향상시킨 고성능 섬유보강 시멘트 복합재료(High Performance Fiber Reinforced Cement Composite, HPFRCC)가 제안되었습니다. 또한 미국 Li 교수는 2%의 합성섬유를 혼입하여 시멘트 복합재료의 취성적인 특성을 혁신적으로 개선하여 직접인장 상태에서 2~3%의 인장변형능력을 갖는 ECC(Engineered Cementitious Composite)를 제안하였으며, 많은 연구자들의 끊임없는 연구가 진행되었고 기술적인 노하우가 실용화 단계에 이르렀다고 할 수 있습니다.

일본에서는 콘크리트학회를 중심으로 2001년부터 2004년까지 DRFCC(Ductile Fiber Reinforced Cementitious Composite)위원회를 구성하여 집중적으로 DFRCC의 제조 기술 및 재료적 특성에 대한 연구를 진행하였고 구조물에 적용하고 있는 단계에 이르렀습니다. 일본 토목학회에서는 『Recommendations for design and construction of high performance fiber reinforced cement composite with multiple fine cracks』를 발간하여 실무자들이 활용할 수 있는 지침을 제시하고 있습니다.

또한 국내에서도 2000년대 초반부터 많은 연구자들에 의해 시멘트 복합재료의 인장강도 향상 및 인장변형 능력 향상에 중점을 둔 섬유로 보강된 고인성 시멘트 복합재료의 제조 기술, 내구성, 역학적 특성 및 활용에 대한 연구가 다양하게 진행되어 왔습니다.

이러한 신재료가 실제적으로 활용되기 위해서는 많은 연구 결과를 종합하여 정리하고 분석하여 실무자가 손쉽게 활용할 수 있는 자료가 필요할 것으로 판단되어 『섬유보강 고인성 시멘트 복합재료의 구조적 이용과 성능 평가』라는 도서를 출간하게 되었습니다. 금번에 출간한 도서는 일본토목학회에서 발간한 HPFRCC 지침을 근간으로 현재까지 국내 연구자들에 의해 연구된 내용을 정리하여 실무자들이 신개념의 건설 재료인 섬유보강된 고인성 시멘트 복합재료를 활용할 수 있도록 하였습니다. 이 과정에서 부득이게 부분적으로 한계상태설계법에 의한 부분이 수록되었습니다.

앞으로 국내의 해당 분야에 대한 연구 자료가 더 축적되고 체계화될 것으로 예상되며, 이러한 내용을 지속적으로 보완할 것으로 약속드리며 향후에는 국내의 기술을 근간으로 한 독립된 섬유보강 고인성 시멘트 복합재료의 제조 및 활용 지침으로 거듭날 수 있도록 노력하겠습니다.

2014. 12.

대전지역연구회 섬유보강 고인성 시멘트 복합지료의 구조적 이용과 성능 평가 집필위원장

윤현도

집필위원

집필책임자	윤현도(충남대학교)
집 필 위 원	김윤용(충남대학교), 김규용(충남대학교), 권성준(대전대학교) 박완신(충남대학교), 신경준(충남대학교), 장영일(충남대학교), 한병찬(우송대학교)

검토위원

검 토 위 원	연규석(강원대학교), 한천구(청주대학교)

발간물심의위원회

위 원 장	최재진(공주대학교)
위 원	강석화(JNT INC), 배수호(안동대학교), 양일승(동신대학교) 윤석구(서울과기대), 윤현도(충남대학교), 조창근(조선대학교) 최광호(남서울대학교), 최창식(한양대학교)

실무지침편찬특별위원회(2014.12 현재)

위 원 장	김진근(KAIST)
고 문	김상식(인하대학교), 정영수(중앙대학교), 정하선(한국콘크리트학회 공학연구소)
간 사	배수호(안동대학교)
위 원	김대중(삼성물산(주)건설부문), 김은겸(서울과학기술대학교) 김종호((주)창민우컨설탄트), 박홍근(서울대학교), 박홍기((주)태조엔지니어링) 서석구((주)서영엔지니어링), 신현목(성균관대학교), 연규석(강원대학교) 이광명(성균관대학교), 이재연(목원대학교), 정광량((주)동양구조안전기술) 최동욱(한경대학교), 한천구(청주대학교)

차 례

발간사 • 3
머리말 • 5

1 장 서론 • 13

2 장 고인성 시멘트 복합재료 현황 및 제조 특성
2.1 개요 • 15
2.2 PVA-HPFRCC의 제조 기술 및 특성 • 18
2.2.1 PVA-ECC • 18
2.2.2 PVA-Spray-ECC • 21
2.2.3 PVA-압출성형-HPFRCC • 23
2.2.4 PVA-HPFRCC • 23
2.2.5 PVA 매트 충진-HPFRCC • 25
2.3 PE-HPFRCC의 제조 기술 및 특성 • 26
2.3.1 PE-ECC • 26
2.3.2 PE-HPFRCC • 28
2.4 Hybrid-HPFRCC • 29
2.4.1 Hybrid-Spray-HPFRCC • 30
2.4.2 Hybrid-HPFRCC • 31
2.5 PP-압출성형-HPFRCC • 32
2.6 강섬유보강-RPC • 34

03장 고인성 시멘트 복합재료의 국내외 주요 연구성과

3.1 개요 · 37

3.2 국내에서 HPFRCC의 구조 부재 적용 연구성과 · 38
- 3.2.1 HPFRCC의 직접인장성능 · 38
- 3.2.2 HPFRCC의 내구성 평가 · 42
- 3.2.3 HPFRCC의 충격 및 방폭성능 · 44
- 3.2.4 HPFRCC의 내화성능 · 46
- 3.2.5 보 부재의 보수 및 보강 · 47
- 3.2.6 벽체의 보수 및 보강 · 49
- 3.2.7 HPFRCC를 활용한 전단벽 내진보강 요소 · 51
- 3.2.8 HPFRCC를 활용한 연결보 · 52
- 3.2.9 HPFRCC를 활용한 기둥 · 54
- 3.2.10 HPFRCC를 활용한 접합부 · 55

3.3 일본에서 HPFRCC의 구조 부재 적용 연구성과 · 58
- 3.3.1 보 부재 적용 연구성과 · 58
- 3.3.2 기둥 부재에 적용 · 61
- 3.3.3 내진벽 부재에 적용 · 63

3.4 손상제어를 목적으로 한 HPFRCC의 적용 연구성과 · 65
- 3.4.1 손상제어의 필요성 · 65
- 3.4.2 손상 저감을 위한 구조 부재 및 비구조 부재 적용 연구성과 · 65
- 3.4.3 손상제어를 위한 제진 부재 · 66
- 3.4.4 기존 필로티 건축물의 손상제어 · 68

3.5 토목 재료로서 HPFRCC의 적용 연구성과 · 70
- 3.5.1 교량 상판에 적용 · 72
- 3.5.2 농업용수로의 표면 보수 · 73
- 3.5.3 옹벽의 표면 보수 · 74
- 3.5.4 고가교의 표면 피복 · 75

3.6 적용 사례 · 76

04장 고인성 시멘트 복합재료의 성능 평가와 적용 지침

4.1 개요 · 79
- 4.1.1 범위 · 79
- 4.1.2 용어 · 82
- 4.1.3 기호 · 83

4.2 설계 일반 · 84
- 4.2.1 일반사항 · 84
- 4.2.2 설계내구수명 · 85
- 4.2.3 성능 평가의 원칙 · 85
- 4.2.4 안전계수 · 87

4.3 재료 설계값 · 87
- 4.3.1 일반사항 · 87
- 4.3.2 강도 및 변형률 · 88
- 4.3.3 응력-변형률 곡선 · 93
- 4.3.4 탄성계수 · 96
- 4.3.5 포아송비 · 97
- 4.3.6 열적 특성 · 97
- 4.3.7 건조수축 · 98
- 4.3.8 크리프 · 99
- 4.3.9 피로 · 100
- 4.3.10 최대 균열폭 · 101

4.4 하중과 구조 해석 · 103
- 4.4.1 하중 · 103
- 4.4.2 구조 해석 · 104

4.5 구조물의 안전성 검토 · 104
- 4.5.1 일반사항 · 104
- 4.5.2 휨모멘트 및 축하중에 대한 안전성 검토 · 104
- 4.5.3 전단력에 대한 안전성 검토 · 107
- 4.5.4 비틀림에 대한 안전성 검토 · 114
- 4.5.5 피로에 대한 안전성 검토 · 114

4.6 구조물의 사용성 검토 · 116
- 4.6.1 일반사항 · 116
- 4.6.2 응력 및 변형률 계산 · 116
- 4.6.3 변형률 제한값 · 118
- 4.6.4 인장변형률에 대한 검토 · 118
- 4.6.5 균열 실험 · 119
- 4.6.6 처짐과 변위의 검토 · 122

4.6.7 진동 시험 · 123

4.7 구조 상세 · 124
4.7.1 일반사항 · 124
4.7.2 콘크리트 피복 · 124
4.7.3 철근간격 · 125
4.7.4 철근의 정착 · 125
4.7.5 보강근 이음 · 128
4.7.6 시공이음 · 128

4.8 환경작용에 관한 저항성 검토 · 129
4.8.1 일반사항 · 129
4.8.2 탄산화에 따른 철근 부식의 검토 · 129
4.8.3 염화물 침투에 따른 철근 부식의 검토 · 131
4.8.4 동결융해 작용의 검토 · 135
4.8.5 수밀성에 대한 검토 · 137
4.8.6 화학적 침식 저항성에 대한 검토 · 137
4.8.7 알칼리 골재반응에 대한 검토 · 137
4.8.8 내화성능에 대한 검증 · 138

4.9 타설시공 · 138
4.9.1 일반사항 · 138
4.9.2 재료 · 139
4.9.3 배합 · 141
4.9.4 제조 · 144
4.9.5 운반 · 145
4.9.6 타설 · 146
4.9.7 마감 · 147
4.9.8 양생 · 147
4.9.9 거푸집 공사와 지주 설치 · 148
4.9.10 한중 콘크리트에 적용 · 148
4.9.11 서중 콘크리트에 적용 · 149
4.9.12 검사 · 151

05장 고인성 시멘트 복합재료 시험 방법

5.1 실험 방법 1 : 강도시험용 공시체의 준비 · 155

5.1.1 범위 · 155
5.1.2 참조 표준 · 155
5.1.3 HPFRCC 샘플링 · 156
5.1.4 공시체 수 · 156
5.1.5 압축 시험용 공시체 · 156
5.1.6 일축인장 시험용 공시체 · 158
5.1.7 탈형과 양생 · 160

5.2 실험 방법 2 : 일축인장강도 시험 방법 · 161

5.2.1 범위 · 161
5.2.2 참조 표준 · 161
5.2.3 장치 · 161
5.2.4 공시체 · 162
5.2.5 시험 방법 · 163
5.2.6 평가 · 163
5.2.7 보고서 · 165

5.3 실험 방법 3 : HPFRCC의 균열폭 시험 방법(균열폭의 평균과 최대값) · 166

5.3.1 범위 · 166
5.3.2 참조 표준 · 166
5.3.3 장치 · 166
5.3.4 공시체 · 166
5.3.5 시험 방법 · 167
5.3.6 평가 · 167
5.3.7 보고서 · 168

5.4 실험 방법 3 : HPFRCC의 균열폭 시험 방법(균열폭의 변동) · 169

5.4.1 범위 · 169
5.4.2 참조 표준 · 169
5.4.3 장치 · 170
5.4.4 공시체 · 170
5.4.5 시험 방법 · 170
5.4.6 평가 · 171
5.4.7 보고서 · 171

참고문헌 · 172

제 1 장

서론

최근에 보다 내구적이고 구조성능이 뛰어난 건설 신재료의 개발과 활용에 관한 연구가 활발하게 이루어지고 있다. 우수한 구조성능을 갖는 건설 신재료의 개발은 환경오염 및 자원고갈 등이 주요한 사회 문제로 대두되는 현 시점에서 구조물의 장수명화에 기여한다. 또한 활용 연구를 통해 노동집약적, 현장타설 중심의 기존 공법이 갖는 문제를 혁신적으로 개선할 수 있다. 이를 통해 신설 구조물의 성능 개선과 리모델링 등을 통한 사회 기반시설 비용의 절감을 꾀하고, 고노무비용, 3D업종 기피로 대별되는 건설산업에 대한 경쟁력을 확보하는 데 의미가 있다.

섬유보강 고인성 시멘트 복합재료(High Performance Fiber Reinforced Cementitious Composites, HPFRCC)는 고장력 단섬유를 시멘트 매트릭스 내에 다량 혼입해서 유사변형경화거동과 미세 균열 분산 특성을 갖게 한 신재료로, 인장성능과 내구성이 우수하여 다양한 용도의 철근콘크리트 구조물에 적용 가능성이 높은 재료로 평가되고 있다[1)2)].

HPFRCC의 대표적인 예는 빅터 리(Victor Li) 교수가 마이크로 역학에 근거한 재료설계 개념을 도입하여 개발한 ECC(engineered cementitious composites)이다. 이 재료는 높은 탄성계수와 형상비(섬유 길이/직경)를 갖는 고장력 폴리비닐알코올 섬유(이하 고장력 PVA)로 시멘트 매트릭스를 보강(시멘트 중량비 2% 내외)하여 인장변형능력을 개선한 것이다[3)4)]. 이후 나만(Naaman)을 중심으로 1993년부터 HPFRCC에 대한 정기적인 학술교류를 3년마다 개최하며, 성능 개선과 활용 방안에 대한 지속적인 노력을 기울이고 있다.

일본의 경우 "고인성 시멘트 복합재료의 성능 평가와 구조 이용 연구위원회(일본콘크리트학회, 2001)"를 구성하여 "고인성 시멘트 복합재료의 제조와 사용"이라는 연구보고서를 출판하였다[1)]. 이러한 연구 결과를 근거로 HPFRCC위원회 활동 목표를 HPFRCC 기술의 보급과 이용으로 설정하고 HPFRCC 재료의 제조, 재료 성상 평가, 시공, 적용 및 설계, 구조성능, 내구성, 해석기법 등에 대한 정보를 수집하여 HPFRCC 기술을 일반화하고자 하였다. 이러한 2년간의 노력에 대한 결실로 2004년 5월 HPFRCC 재료의 제조·시공과 특성, 인장성능 평가 기법, 이용 기술과 적용에 따른 장점 및 설계법, 내구성 향상 효과, 해석기술 등을 정리한 HPFRCC 연구위원회 보고서(II)를 출판하였다. 현재는 이러한 일관된 자료 수집 및 연구 결과를 건설산업 현장에서 직접 적용할 수 있는 제조 및 시공지침(안) 작성을 JCI HPFRCC 연구위원회에서 추진하고 있는 실정이다.

국내에서도 장수명 건설기술에 대한 사회적 요구와 국외 건설기술 연구 동향에 힘입어 HPFRCC에 관한 지속적인 연구와 신기술 개발이 증가하고 있다. 이미 2003년에 건설교통부 건설핵심기술연구개발사업 연구비 지원으로 HPFRCC 관련 연구가 시작되어[5)6)7)] HPFRCC로 건설된 최초의 구조물인 연육교(프랑스 L사에서 개발한 DUCTAL 사용)가 건설되면서부터 많은 관심을 끌었다. 최근에는 스프레이형 HPFRCC를 이용한 보수·보강 기술이 신기술로 지정되어 현장에 직접 적용되고 있는 실정이다.

이 책은 HPFRCC의 특성 및 제조 기술, 적용 현황, 사용 지침, 시험 평가 방법으로 구성하였다. 현 시점에서 HPFRCC에 대한 제조 방법 및 그 특성, HPFRCC에 대한 기술 현황에 대한 종합적인 이해는 콘크리트 관련 연구자뿐만 아니라 현업에 종사하고 있는 건설기술자에 도움이 되리라 판단된다.

제 2 장 고인성 시멘트 복합재료 현황 및 제조 특성

2.1 개요

휨모멘트 또는 인장력을 받을 때, 균열이 발생한 이후에도 강도의 저하 없이 변형률이 증가함에 따라 응력이 증가하는 "변형경화(pseudo strain hardening)" 특성과 다수의 미세균열이 분포하는 "다수균열(multiple crack)" 특성을 보이는 시멘트 복합재료를 "변형경화형 고인성 시멘트 복합재료"라 정의한다(그림 2.1).[8] 이러한 종류의 복합재료 중 대표적인 ECC의 경우는 직경 수~수십 마이크론 폴리에틸렌(PE)섬유와 비닐론(PVA)섬유 등 유기섬유와 강섬유를 체적 1~2% 정도 포함하도록 하여 4~5%의 변형능력을 확보한 변형경화 및 다수균열 특성을 보인다. 일반적인 콘크리트가 0.01~0.05%에 초기 균열 이후 변형연화거동을 보이는 것에 반하여 HPFRCC는 다분히 강재의 특성을 시멘트계 복합재료에 적용한 예라 할 수 있다. 물론 강과 같은 큰 인장강도와 큰 변형률 상태에서도 재료적 성상을 유지하는 것과는 차이가 있다. 그러나 이 재료는 그림 2.2에 나타난 바와 같이 일반적인 콘크리트의 취성적인 성질을 극복하고 있으므로 콘크리트계 구조요소의 구조성능과 내구성을 극대화할 것으로 기대할 수 있다.

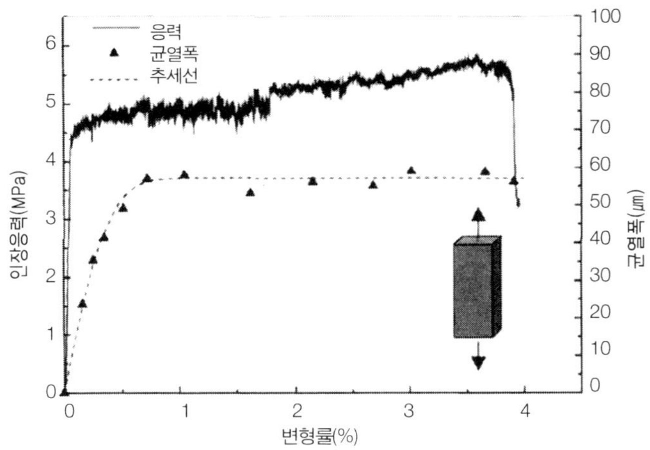

그림 2.1 **일축인장응력에 대한 ECC의 특성**[8)]

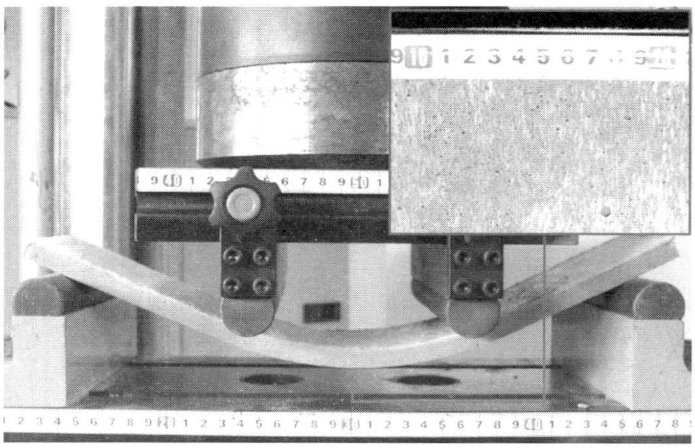

그림 2.2 **HPFRCC 박판의 휨 실험 예**

더욱이 이 재료는 종래의 시멘트계 재료를 대신하여 고성능 보수용 재료, 내충격성 재료, 강재의 피복 재료 등 새로운 각종 용도로 활용될 수 있어 콘크리트 분야에서 기술 혁신을 일으킬 수 있을 것이다. HPFRCC에 사용되는 섬유로는 폴리비닐알코올(PVA), 고강도 폴리에틸렌(PE), 강섬유가 일반적으로 사용되고 있다. 통상 이러한 단일 섬유가 사용되지만 각 섬유별 특성을 이용하기 위하여 2종류의 섬유를 조합하여 사용하는 예도 있다. 콘크리트 관련 논문집 및 연구보고서 등에 발표된 내용을 근거로 전술한 각 섬유를 사용하여 HPFRCC를 제조하기 위한 배합, 제조 및 시공 방법,

특성을 2.2절에서 소개한다. 먼저 이 책에서 사용하는 HPFRCC와 관련된 용어 정의 및 각종 HPFRCC는 다음과 같다.

1) 고인성 시멘트 복합재료(HPFRCC)

시멘트계 재료를 섬유로 보강한 복합재료로서 휨응력을 받을 때 다수의 미세 균열 특성을 보이며, 휨, 인장, 압축으로 파괴될 때 인성이 크게 개선된 재료로 정의된다. HPFRCC 중에는 일축인장응력을 받을 때 미세한 다수균열 특성을 보이고 변형경화 특성을 보이는 고성능 섬유보강 시멘트 복합재료(high performance fiber reinforced cementitious composites, hpfrccs)가 있다.

2) 섬유보강 시멘트 복합재료(fiber reinforced cement composite, FRCC)

시멘트계 재료를 섬유로 보강한 복합재료 전체로 정의되며, HPFRCC 외에 섬유보강 콘크리트(fiber reinforced concrete, FRC)와 섬유보강 모르타르를 포함한다. HPFRCC는 휨인장을 받을 때 인성 특성을 보이는 재료부터 일축인장을 받을 때 강재와 같은 변형경화 특성을 갖는 재료에 이르기까지 다양하다. 이 중 대표적인 몇 가지를 살펴보면 다음과 같다.

ECC는 미시건대학 리 교수에 의해 개발된 재료로 일축인장응력을 받을 때 변형경화 특성을 보이고 미세한 다수균열을 형성하는 것으로, 최대 인장변형률이 8%에 달하기도 한다. ECC는 마이크로역학과 파괴역학에 근거하여 재료거동의 예측과 설계가 가능하다. 이러한 특성을 활용한 적용 예로는 내진 부재, 보수·보강용 재료(단면 복구, 단면 증설), 강재 피복 재료 등이 있다.

SIFCON[9](slurry infiltrated fiber concrete)은 란카드(D. R. Lankard)에 의해 1984년 제안된 재료로서 강섬유를 미리 거푸집 내에 투입하고 여기에 시멘트 슬러리를 침투시켜 제조함으로써 섬유 혼입률은 최대 20%까지 가능하다. 다량의 섬유에 의한 구속효과로 인하여 압축강도는 210MPa에 달하고 또한 가교효과에 의해 인장응력을 받을 때 경화 특성을 보인다. 적용 예로는 내진·방공 구조물, 보수·보강용 재료, 프리캐스트 구조물 등이 있다. SIMCON(Slurry Infiltrated Mat Concrete)은 SIFCON의 강섬유 대신 강섬유 매트를 이용하여 제조된 복합재료이다.

섬유보강 RPC(reactive powder concrete)[10]는 반응성 분체 콘크리트 개념으로 개발된 무기계 복합재료로 최밀충진이론에 근거하여 개발된 시멘트계 매트릭스에 금속섬유를 혼입하여 초고강도와 고인성을 함께 실현하는 신개념으로써 1994년에 리차드(P. Richard)에 의해 개발되었다. 그 특성은 초고강도(압축강도 240MPa, 휨강도 45MPa), 고내구성(동결융해 저항성지수 100), 유동성(플로값 250mm)이고 적용 예로는 도로교, 방음패널 등이 있다.

2.2 PVA-HPFRCC[11])의 제조 기술 및 특성

PVA-DRFCC는 시멘트 매트릭스의 보강재 PVA섬유가 사용된 고인성 복합재료로 현재까지 보고된 PVA-HPFRCC에는 PVA-ECC, PVA-HPFRCC, PVA-Spray-ECC, PVA-압출성형-HPFRCC 및 PVA 매트 충진-HPFRCC 등이 있다. 각 재료의 제조 방법 및 특성은 다음과 같다.

2.2.1 PVA-ECC

PVA-ECC는 현재까지 많은 연구자들에 의해 다수의 연구 결과가 발표되고 있으며, 이는 PVA섬유의 우수한 성능을 갖고 있으면서 가격이 다른 섬유에 비하여 저렴하다는 장점 때문이라 할 수 있다. PVA-ECC는 물, 시멘트, 잔골재 및 PVA섬유로 구성된 섬유보강 모르타르이며, 필요할 경우 플라이애쉬 등과 같은 혼화재와 건조수축을 억제하는 혼화재료를 포함하는 경우도 있다.

표 2.1은 대표적인 배합 예로 증점제가 사용되었으며, 이는 굳지 않은 ECC의 유동성을 확보하여 시공성을 증대시키기 위함이다. 또한 ECC는 부배합이므로 단위수량이 증대되어 건조수축이 크므로 건조수축을 제어하기 위하여 혼화제를 첨가하고 보통 콘크리트와 대등한 건조수축을 갖도록 하였다. 표 2.2에는 사용된 PVA섬유의 물성을 나타냈다.

그림 2.3(a)는 PVA-ECC를 옴니믹서를 이용하여 비빔하는 예이며, 이때 사용된 믹서는 실제 PC공장에서 설치된 설비로 1m³의 비빔 용량을 갖는다. 그림 2.3(b)는 실제 PC 부재에 PVA-ECC를 타설하는 것으로 플로값이 600mm로 유동성이 높아 시공성이 우수한 것으로 평가되고 있다. 이러한 PVA-ECC의 압축 특성은 그림 2.4(a)에 나타난 바와 같이 압축강도는 30MPa 정도이며, 이때 사용된 압축강도용 공시체는 ϕ 100×200mm이다. 그림 2.4(b)는 인장 특성을 나타내고 있으며 인장강도 시험편은 60×100mm 단면의 도그본(dogbone) 형태를 사용하였고 인장변형능력은 1% 이상 확보하고 있는 것으로 평가되고 있다.

표 2.1 **PVA-ECC 배합 예**

w/b	단위수량(kg/m³)	s/b	수축저감제(kg/m³)	섬유 혼입률(%)	공기량(%)
0.46	364	0.64	15	2	10

1) 플라이애쉬 첨가량은 결합재 중량의 30%
2) 팽창제 잔골재 중량의 10% 투여

표 2.2 **PVA섬유 물성**

길이(mm)	직경(㎛)	탄성계수(GPa)	인장강도(MPa)
12	37	40	1600

(a) 비비기 (b) 타설

그림 2.3 **PVA-ECC 비빔 및 타설 상황**

ECC는 단위수량이 일반 콘크리트에 비하여 매우 높고 매트릭스의 구성도 콘크리트와 달리 시멘트와 규사로 구성되므로 건조수축에 의한 균열 발생이 현저하다. 따라서 이러한 균열을 제어하기 위해서는 건조수축을 저감시키는 혼화재료를 첨가함으로써 이러한 문제를 어느 정도 해결할 수 있다. 그림 2.5는 철근 D32를 섬유보강 시멘트 복합재료 및 보통 콘크리트 내에 매립하여 수축을 구속하여 수축균열 저항성을 비교한 실험 결과로서, 매립된 철근의 변형률로부터 산정된 콘크리트의 인장응력과 재령의 상관관계를 나타낸 것이다. 그림과 같이 보통 콘크리트에서는 3.3MPa의 인장응력을 받을 때 균열이 발생한 시점은 재령 35일이고 ECC에서는 3.5MPa에 도달하는 재령 50일에 균열이 발생하여 콘크리트에 비해 낮지 않은 균열저항성능을 보이고 있다.

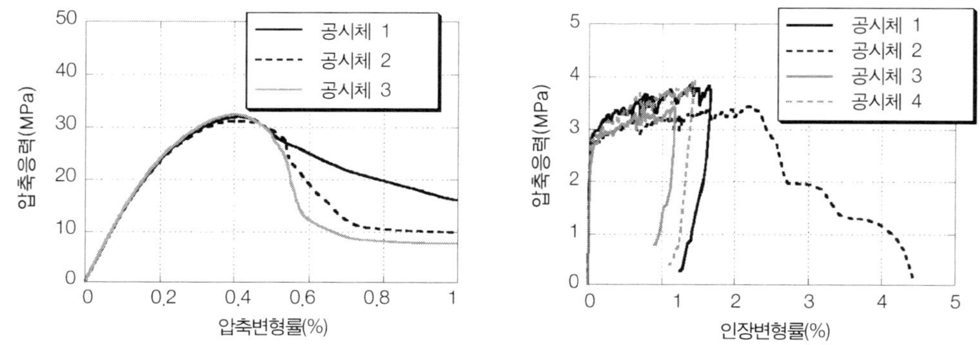

(a) 압축강도 특성　　(b) 인장강도 특성

그림 2.4 **PVA-ECC의 재료 역학적 특성**

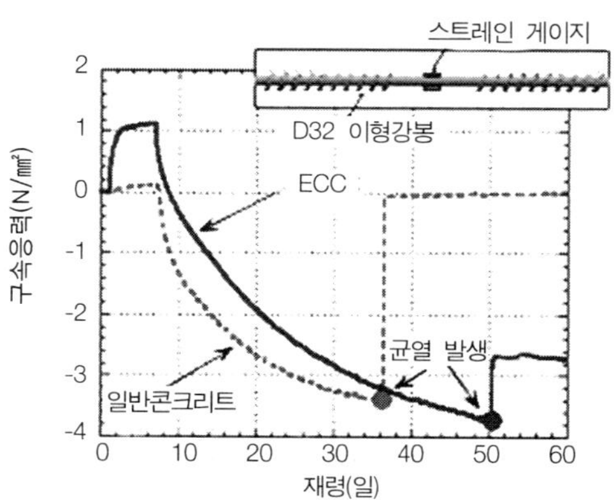

그림 2.5 **PVA-ECC의 수축균열 저항성**

그림 2.6(a)는 일본건축학회 표준시험 방법에 준하여 실시된 ECC의 중성화 촉진 실험 결과로 고내구성 철근콘크리트 구조에 요구되는 26주 중성화 깊이 25mm보다 낮은 10mm 정도로 높은 중성화 저항성능을 보인다. 그림 2.6(b)는 ECC에 대한 JIS A 1148에 준하여 실시한 동결융해 저항성능을 나타낸 것으로 고내구성 철근콘크리트 구조에 요구되는 85%를 상회하고 있는 것으로 나타난 것으로 보아 내구성능이 우수하다.

2.2.2 PVA-Spray-ECC[12)13)]

PVA-Spray-ECC는 현장에서 ECC의 제조 및 시공이 가능하고 콘크리트 구조물의 보수 및 보강재료로서 적용이 기대된다. PVA-Spray-ECC를 구성하는 주요한 재료는 시멘트 혼화재, 잔골재, PVA섬유, 증점제, 물 및 액상 혼화제 등을 들 수 있으며, 대표적인 배합 예로는 물결합재비(w/b) 0.32, 잔골재결합재비(s/b) 0.413, 단위수량(W) 360kg/m³ 및 섬유체적비(V_f) 2%로 배합표는 PVA-Spray-ECC의 인장변형률, 시공할 때 시공 후의 부착성능 등을 고려하여 결정된 배합이다.

PVA-Spray-ECC의 인장 및 휨 특성은 그림 2.7에 나타낸 바와 같이 인장강도 3MPa, 인장변형률 1% 이상을 확보하고 있으며, 이러한 특성을 구조설계 시 반영할 수 있다고 판단된다. 참고적으로 기존 콘크리트에 대한 부착강도도 2.5MPa 정도라 보고되고 있다. 이러한 PVA-Spray-ECC의 중성화 저항성을 살펴보기 위하여 실시한 촉진 중성화 실험 결과를 그림 2.8에 나타냈다.

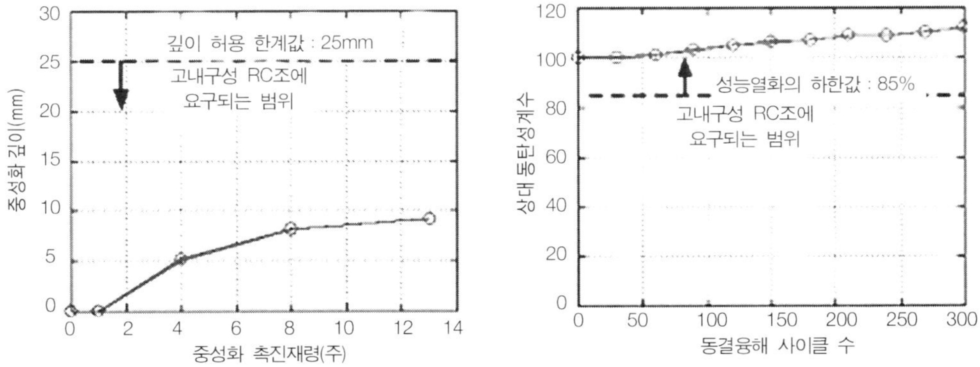

(a) 중성화 저항성 (b) 동결융해 저항성

그림 2.6 **PVA-ECC의 내구성능**[12)]

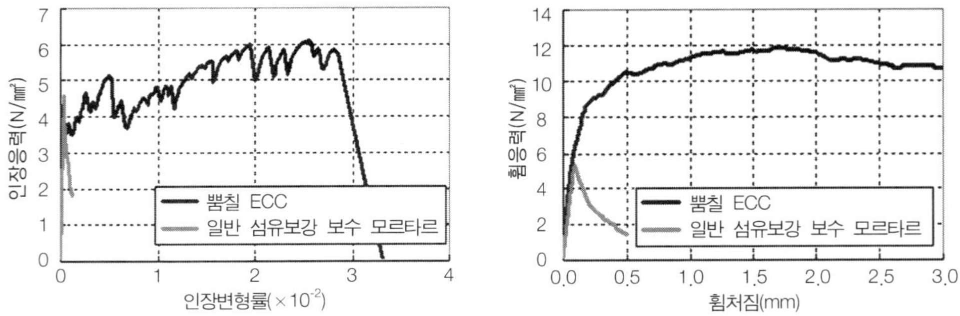

(a) 직접인장거동 특성　　(b) 휨거동 특성

그림 2.7 **PVA-Spray-ECC의 직접인장 및 휨거동 특성**

그림과 같이 PVA-Spray-ECC는 다른 보수재료(폴리머 시멘트 모르타르)와 대등한 중성화 저항성을 보유하고 있는 것으로 나타났으며 그림 내의 참고값은 보통 콘크리트의 중성화 촉진 실험 결과이다. 동결융해 저항성은 JIS A 1148에 준하여 동결융해 실험(수중동결 수중융해)을 실시한 결과는 그림 2.9와 같다. 300사이클 진행 시점에서 상대동탄성계수 및 질량감소율은 저하되지 않는 높은 내동결융해성능을 확보하고 있는 것으로 보고되고 있다.

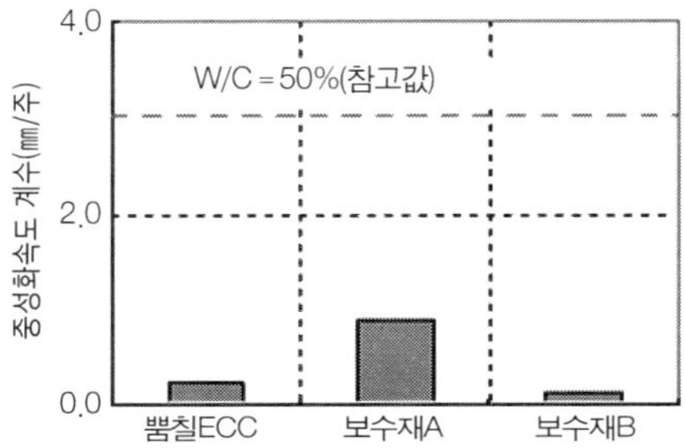

그림 2.8 **PVA-Spray-ECC의 중성화 저항성**

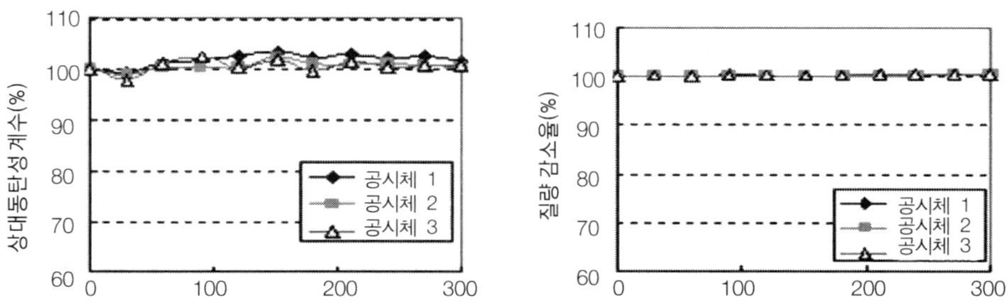

(a) 상대동탄성계수 변화 추이　　(b) 질량감소율 변화 추이

그림 2.9 **PVA-Spray-ECC의 동결융해 실험**

2.2.3 PVA-압출성형-HPFRCC[14)15)]

PVA-압출성형-ECC의 압출성형 방법은 시멘트, 잔골재, 단섬유, 성형 조제, 물을 믹서로 혼합하여 압축성형기로 일정 단면을 연속적으로 압출성형하여 부재를 생산하는 방법으로 판상, 구형 또는 골판 등과 같은 복잡한 형태의 단면을 갖는 부재의 생산도 가능하다. 사용된 PVA섬유는 직경 0.0379mm, 길이 6mm, 인장강도 1,650MPa, 탄성계수 43.7GPa이며, 압출성형 복합재료의 표준 배합은 표 2.3과 같다. 압출성형에는 성형 조제 등의 배합비율이 높기 때문에 일반적인 콘크리트 배합에 비하여 물-시멘트 비가 높고 3% 이상의 PVA섬유 혼입률로 다수균열에 따른 변형경화 특성을 보인다.

2.2.4 PVA-HPFRCC

PVA-HPFRCC는 보통 포틀랜드 시멘트, 규사(7호), 고성능 AE 감수제, 증점제, 소포제(消泡劑), PVA섬유로 구성되며 배합조건은 섬유의 분산성, 유동성 등을 고려하여 모르타르 매트릭스의 점성을 적절하게 제어할 필요가 있으며, 이러한 점을 감안하여 결정된 배합 예는 표 2.4와 같다.

비빔은 20ℓ 모르타르 및 100ℓ 팬 믹서를 사용하였으며 팬에 섬유가 끼어 섬유의 일부가 뭉쳤지만 모르타르의 점성을 관리하면 이러한 현상은 어느 정도 방지할 수 있다. 비빔순서는 적정한 점성을 갖는 모르타르를 먼저 제조하고 이후 섬유를 투입하여 PVA-HPRFCC를 제조한다. 구조 부재 등의 제작을 위한 시공성은 섬유 혼입률 1.7% 이하에서는 양호하지만 1.7%를 초과하는 경우에는 양호하지 않은 것으로 평가되고 있다. 인장강도 시험은 그림 2.10 및 그림 2.11과 같은 방법을 적용하였으며 시험 결과는 그림 2.12와 같다. 시험편은 압축강도용 원주형 공시체와 동일한 시험편을 사용함으로써 기존의 도그본, 플레이트 형태의 인장 시험편에 비해 낮은 0.75% 정도의 인장변형능력을 보이는데, 이는 시험체의 형상에 기인한다. 즉, 플레이트 형태에 비하여 원형공시체 형태의 직접인장 시험은 동일 조건에서 보다 낮은 인장변형률 값을 나타내는데, 이는 섬유의 배열 정도, 타설 상태의 영향을 받기 때문으로 판단된다.

표 2.3 PVA-압출성형-ECC(중량비)

보통 포틀랜드 시멘트	석분	메틸셀룰로오스	광물섬유	펄프	물
1.0	0.6	0.3	0.5	0.1	0.6

표 2.4 PVA-HPFRCC 배합 예

w/c (%)	S/C(%)	V_f(vol.%)	SP/C(%)	증점제/W(%)	소포제/C(%)
45	40-50	1.5-2.0	0.1	0.35	0.01

그림 2.10 직접인장 시험 전경

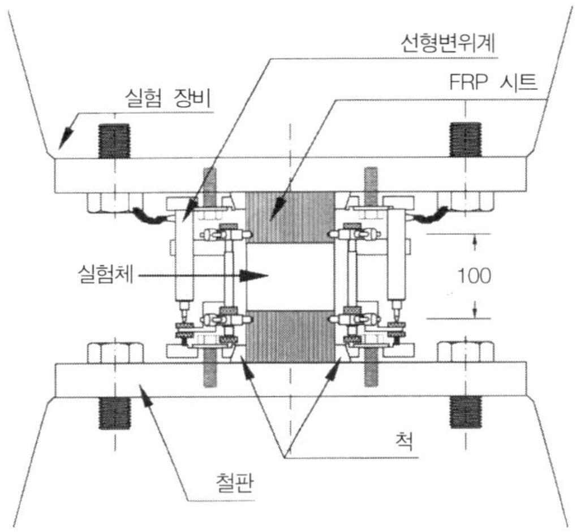

그림 2.11 직접인장 시험 Set-up

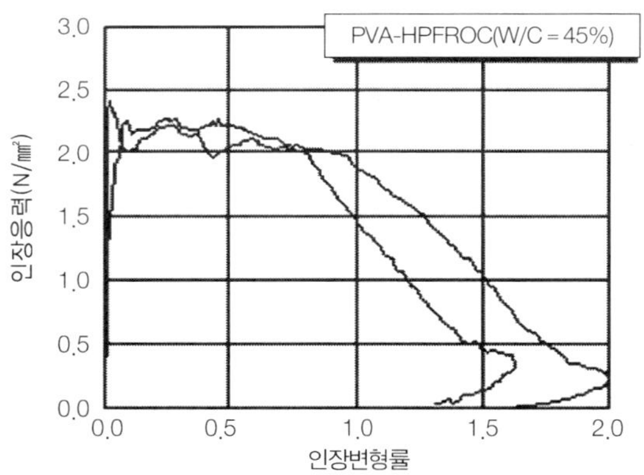

그림 2.12 PVA-HPFRCC의 직접인장 특성

2.2.5 PVA 매트 충진-HPFRCC

PVA 매트 충진 HPFRCC는 콘크리트 구조물의 보수·보강공법에 적용하기 위해 개발된 재료이다. 보수·보강 대상으로서 기존 콘크리트 표면에 배치된 PVA섬유 매트에 시멘트 페이스트와 같은 그라우트를 충진하여 경화시킴으로써 보강층을 성형시키는 것이고 터널 라이닝 콘크리트 보강을 주요 보강 대상으로 한다. PVA섬유 매트(그림 2.13)는 섬유 직경 0.1~0.3mm, 섬유 길이 120mm의 PVA섬유로 이루어진 아크릴계 부직포 매트로서 단위면적당 중량은 700g/㎡ 이상을 규격값으로 한다. 배합은 압축강도, 휨강도, 인성 및 내구성 등 경화성능뿐만 아니라 밀실하게 충진되도록 유동성, 재료분리 저항성 및 워커빌러티 등을 고려하여 결정된다. 그림 2.14 및 2.15는 직접인장강도 시험을 위한 시험편 및 실험 결과로, 시험편은 100mm×100mm×400mm의 강재 형틀 내에 타설면과 직교 방향으로 PVA섬유 매트를 두 겹으로 배치하고 윗면에서부터 그라우트를 충전하여 제작되었다.

그림 2.13 **PVA섬유 매트의 형상**

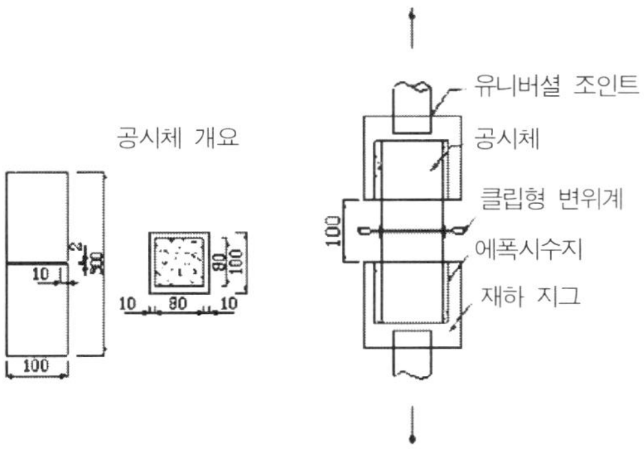

그림 2.14 **시험편 및 시험 방법**

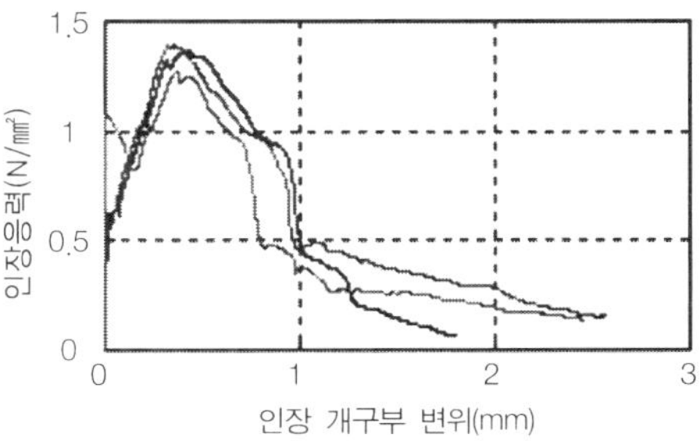

그림 2.15 **직접인장 시험 결과**

휨 특성 평가로서 시험편(그림 2.16)은 직접인장강도 시험편과 동일한 방법으로 제작되었으며, 그림 2.17은 휨거동 특성을 나타낸 것으로 균열 발생 후에도 응력은 증가되고 처짐 약 3mm에 달한 시점에서 급격히 저하되고 있는 것을 알 수 있다.

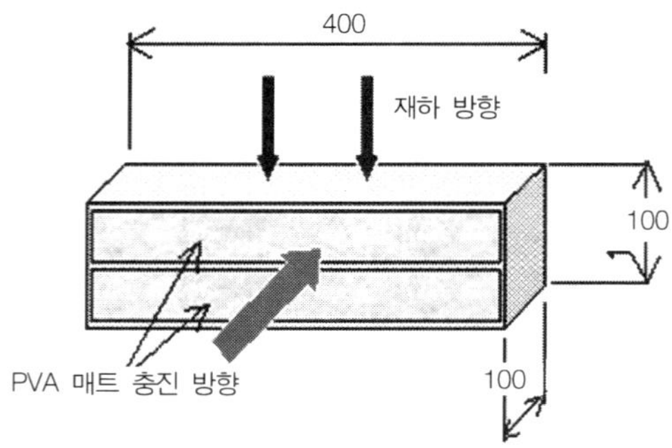

그림 2.16 **휨 시험편**

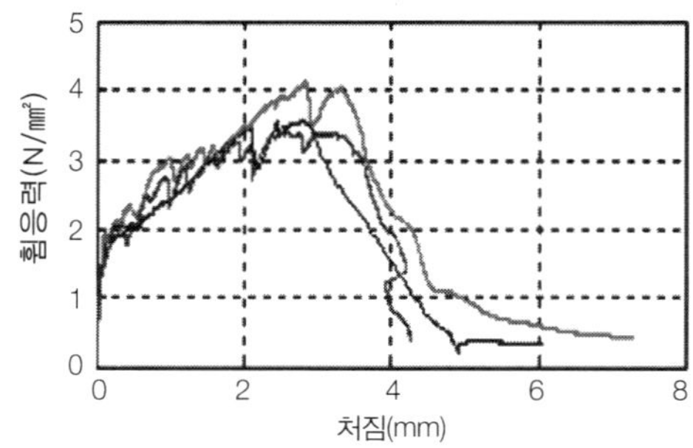

그림 2.17 **휨 시험 결과**

2.3 PE-HPFRCC의 제조 기술 및 특성

PE-HPRFCC는 시멘트 매트릭스의 보강재로 사용되는 PVA섬유에 비해 강도 및 탄성계수가 높은 고장력의 PE섬유가 사용된 고인성 복합재료로 현재까지 보고된 PE-HPFRCC에는 PE-ECC 및 PE-HPFRCC가 있다. 각각의 특성을 살펴보면 다음과 같다.

2.3.1 PE-ECC

기본적으로 PE-ECC는 연구용으로 개발되었으며, 이때 사용된 고강도 폴리에틸렌(PE)의 기본적인 성질은 표 2.5와 같이 인장강도가 2,580MPa로 PVA섬유에 비해 매우 큰 것을 알 수 있다. 그러나 고강도 PE섬유는 PVA섬유에 비해 부착력이 적다는 단점이 있다.

표 2.5 **PE섬유 물성**

길이(mm)	직경(㎛)	탄성계수(GPa)	인장강도(MPa)
12	12	73	2580

PE를 이용한 PE-ECC의 배합조건(예)은 물-시멘트비 30%, 잔골재 결합재비(*S*/*C*) 31.3%, 단위수량 342kg/㎥ 및 섬유체적비 1.5%로 굳지 않은 복합재료의 공기량은 관리되지 않았지만 경화 후 중량으로부터 산정된 공기량은 약 12%로 예상되었다. PE의 사용 시 매트릭스와 부착강도의 문제가 있으므로 매트릭스의 강도를 확보하기 위하여 물-시멘트비가 30% 되도록 한다. 또한 시멘트양이 많으므로 수화열 저감을 목적으로 혼화재의 치환도 고려되어야 하지만 섬유와 매트릭스의 부착력 확보를 위해서는 많은 양의 치환이 불가능한 것으로 보고되고 있다.

굳지 않은 PE-ECC의 플로값은 140~160mm 범위로 나타났으며 경화 후 단위용적중량은 1.9~2.0g/㎤ 범위, 압축강도는 약 70~80MPa을 보인다. 물론 이렇게 높은 압축강도를 이용한 사례는 없지만 섬유를 혼입함으로써 급격하게 파괴되는 특성을 보이는 동일한 강도의 콘크리트에 비하여 최대 내력 이후 안정된 거동 특성을 확보할 수 있을 것으로 기대된다.

휨거동 특성은 그림 2.18 및 2.19와 같이 변형경화 및 다수균열 특성을 보이고 있는 것을 알 수 있다. 양단부에 철근을 매입하여 복합재료에 인장력을 도입하는 인장시험법을 적용한 일축인장 특성은 그림 2.20 및 2.21과 같다. 보통 콘크리트 및 일반적인 섬유보강 콘크리트에 매립된 철근에 비하여 PE-ECC에 매립된 철근에서는 낮은 변형이 유발되는 것을 알 수 있다. 이는 PE-ECC의 인장저항능력이 보통 시멘트 복합재료에 비해 우수하다는 것을 나타내는 것이며, 그림 2.21은 인장실험 후 시험체 단부의 균열 발생 현황을 나타낸 것으로 PE-ECC에서는 국부적으로 집중된 균열이 나타나지 않고 다수균열이 철근 주변에 균등하게 발생하는 특성을 보이고 있다.

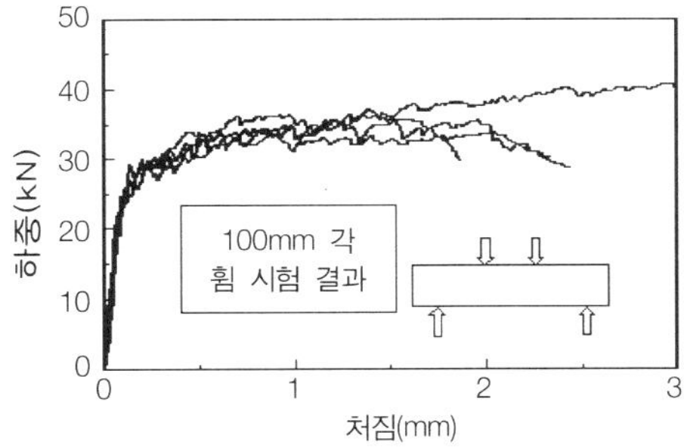

그림 2.18 **PE-ECC의 휨 시험 결과**

그림 2.19 **균열 형태(multi-cracks)**

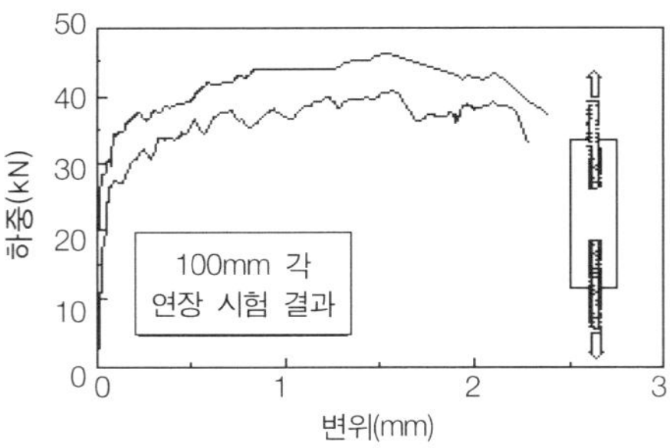

그림 2.20 **일축인장 특성**

그림 2.21 **단부의 균열 상황**

2.3.2 PE-HPFRCC

PE-HPFRCC는 보통 포틀랜드 시멘트, 규사(7호), 고성능 AE 감수제, 증점제, 소포제(消泡劑), PE섬유로 구성되며 배합조건은 섬유의 분산성, 유동성 등을 고려하여 모르타르 매트릭스의 점성을 적절하게 제어할 필요가 있으며 이러한 점을 감안하여 결정된 배합 예는 표 2.6과 같다. 구조 부재 등의 제작을 위한 시공성은 섬유 혼입률 1.0% 이하에서 양호하지만 1.0%를 초과하는 경우에는 양호하지 않은 것으로 평가되고 있다. 인장 시험 결과는 그림 2.22와 같다.

표 2.6 **PE-HPFRCC 배합 예**

w/c (%)	S/C (%)	V_f (vol.%)	SP/C (%)	증점제/ W(%)	소포제/ C(%)
45	40	1.0~1.5	0.3	0.35	0.01

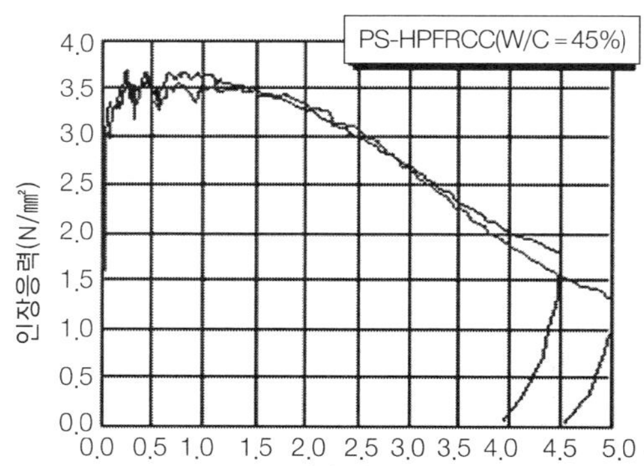

그림 2.22 **PE-HPFRCC의 직접인장 시험 결과**

2.4 Hybrid-HPFRCC

일반적으로 마이크로 단섬유로 보강된 시멘트 복합재료는 휨 또는 인장력 작용하에 있어서 그림 2.23에 나타낸 바와 같이 매트릭스에 초기 균열이 발생한 이후에도 마이크로 섬유의 가교작용(bridging action)에 의해 주변의 매트릭스로 미세 균열이 진전되어 멀티플 크랙(multiple crack)이 발생하게 된다. 그러나 이 경우 최대 응력 이후에 마이크로 섬유의 파단 또는 인발에 의해 응력이 비교적 급격히 저하하는 특징을 가지고 있다. 반면에 마이크로 섬유에 매크로 섬유를 하이브리드(hybrid)화 함으로써 그림 2.24에 나타낸 바와 같이 마이크로 섬유의 파단 또는 인발 이후에도 길이와 직경이

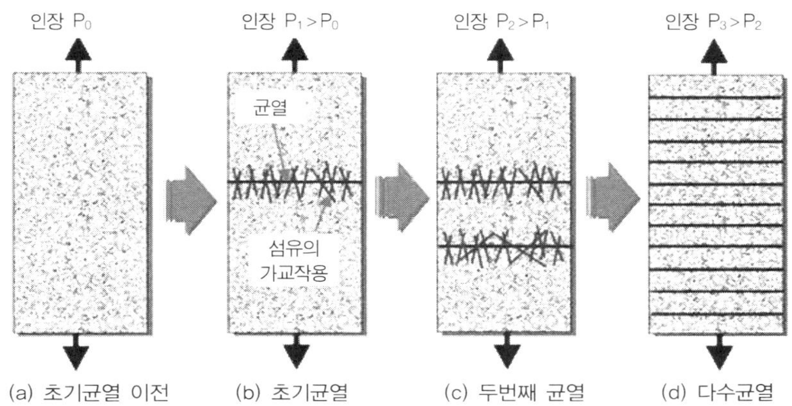

그림 2.23 **단섬유로 보강된 시멘트 복합재료의 다수균열 메커니즘**

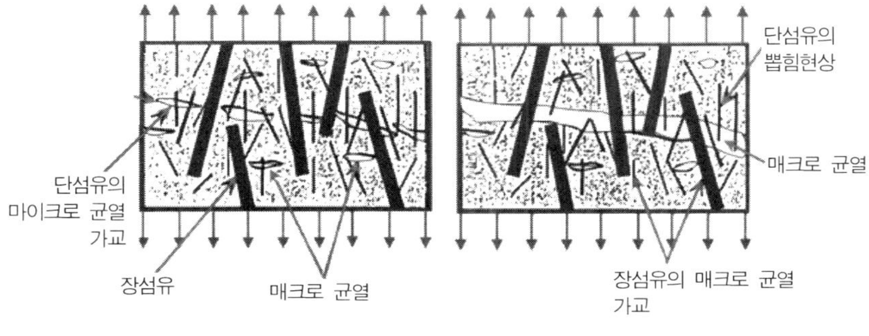

그림 2.24 **마이크로 및 매크로 섬유의 하이브리드화에 의한 균열면 섬유 가교**

큰 매크로 섬유에 의해 지속적으로 응력을 부담할 수 있을 뿐만 아니라 균열의 국소화를 지연시킬 수 있을 것으로 판단된다. 이러한 섬유의 장점을 살려 단섬유보강의 단점을 보완하기 위하여 두 개 이상의 섬유를 혼입하여 제조되는 Hybrid-HPFRCC에는 Hybrid-Spray-HPFRCC와 Hybrid-HPFRCC가 있다.

2.4.1 Hybrid-Spray-HPFRCC

Hybrid-Spray-HPFRCC는 프리믹스트 모르타르, PVA, 고강도 PE 및 고성능 AE 감수제로 구성되며 사용된 섬유 물성은 표 2.7과 같다. Hybrid-Spray-HPFRCC의 기본적인 배합조건은 중량비로 모르타르 100, 섬유 1.0(PVA 0.8, PE 0.2), 고성능 AE 감수제 0.4, 물 19이다. 휨인장응력 및 일축인장 상태에서 인성 향상을 위하여 PVA 및 고강도 PE를 혼입하였다. 그림 2.25(a)는 복합재료의 비빔, (b)는 시공과정을 나타내고 있다.

(a) 비빔 전경 (b) 분사형의 타설 전경

그림 2.25 **Hybrid-Spray-HPFRCC의 비빔 및 타설 전경**

표 2.7 **섬유의 물성**

섬유 종류	길이(mm)	직경(μm)	인장강도(MPa)	신율(%)	탄성계수(GPa)
PVA	6	26	1,590	7.6	37.3
PE	9	12	2,600	3.5	88.0

굳지 않은 복합재료의 플로값은 118mm, 공기량은 7%, 경화된 복합재료의 압축강도는 36MPa로 평가되었다. 휨시험체를 이용한 휨거동 특성은 20mm×100mm×900mm를 이용하였으며 휨 실험 결과를 그림 2.26에 나타냈다. 또한 40mm×40mm×160mm 각주형 일축인장강도 시험편에 대한 인장 시험 결과는 그림 2.27과 같다. 그림에 나타나 있는 것과 같이 휨 및 인장거동 시 변형경화 특성을 보이고 있음을 알 수 있다.

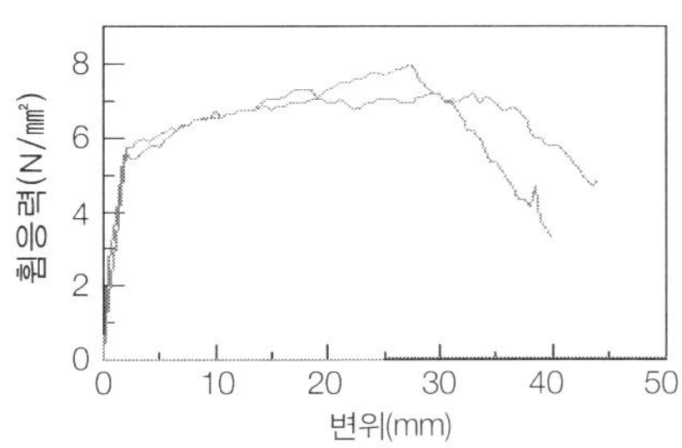

그림 2.26 **휨 시험 결과**

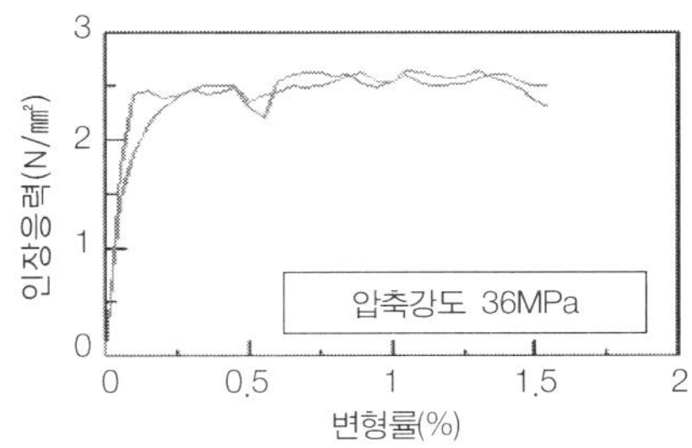

그림 2.27 **인장 시험 결과**

2.4.2 Hybrid-HPFRCC

Hybrid-HPFRCC는 보통 포틀랜드, 규사(7호), 고성능 AE 감수제, 증점제(2% 수용액 점도 3000-6000cps), 소포제, PE 및 Steel Cord 등을 사용하여 제조된다. 사용된 섬유의 물성과 배합 예는 표 2.8 및 2.9와 같다.

표 2.8 **섬유의 물성**

섬유 종류	길이(mm)	직경(㎛)	인장강도(MPa)	신율(%)	탄성계수(GPa)
SC	32	405	2,700	13.0	37.3
PE	15	12	2,600	3.5	88.0

표 2.9 **Hybrid-HPFRCC 배합 예**

w/c(%)	S/C(%)	V_f(vol.%)	SP/C(%)	증점제/W(%)	소포제/C(%)
45	40	PE=1 SC=1	0.1	0.35	0.01

20ℓ 모르타르 믹서의 사용 시 먼저 점성이 높은 모르타르를 제조한 후 합성섬유(PE)를 1/2씩 투입하고 이후 다시 Steel Cord를 1/3씩 균등하게 투여하여 복합재료를 제조할 수 있으며, 100ℓ의 팬 믹서 사용 시 섬유는 1회 투입하여 제조한다. 이렇게 제조된 고인성 복합재료를 구조 부재에 적용하기 위해서는 시공성에 대한 개선의 여지가 있다고 보고되고 있다. Hybrid-HPFRCC의 압축 특성은 앞에서 살펴보았던 합성섬유만을 사용한 고인성 복합재료에 비하여 최대 강도 이후 안정된 강도저하 특성을 보인다.

2.5 PP-압출성형-HPFRCC[16)]

PP-압출성형-HPRFCC는 RPC 프리믹스트, 전용감수제, 전용 증점제 및 전용 섬유로 구성된다. RPC 프리믹스트는 시멘트, 석영질 미분말, 규사 등으로 구성된 미분말 혼합체이고, 미분말을 구성하는 입자가 밀실하게 매트릭스를 충전할 수 있도록 분말도가 조정된다.

표준적인 PP-압출성형-HPFRCC 배합은 중량비로 RPC 프리믹스트가 100이라면 물이 7.1~10.0, 감수제 0.09~0.22, PP 단섬유 첨가량은 3~5vol%이고 이러한 배합비는 제조 시 압출성형 및 경화체의 강도물성 등을 고려하여 결정한다. PP-압출성형-HPFRCC의 제조과정은 배합 원재료를 가소성 모르타르로 비빈 후 그림 2.28과 같이 압출성형기로 연속 성형한다. 양생과정은 일반적인 압출성형 제품이 오토클레이브 과정을 거치는 것에 반하여 PP-압출성형-HPFRCC는 혼입된 섬유가 고압고온에서 용융될 우려가 있기 때문에 증기양생으로 대체한다. PP-압출성형-HPFRCC의 압축강도는 표 2.10과 같고, 정탄성계수는 압출 방향 45.1GPa, 두께 방향 44.7GPa로 각각 나타났다. 그림 2.29 및 2.30은 각각 압축강도 실험 상황과 시험 결과를 나타내고 있다.

그림 2.28 **압출성형기에 의한 연속 성형 전경**

표 2.10 **압축강도 예**

재하 방향	압출 방향		압출 직각 방향		두께 방향
실험체 치수	ㅁ 30mm×30mm				
실험체 높이	H=60mm	H=30mm	H=60mm	H=30mm	H=30mm
압축강도	117.2MPa	115.5MPa	104.2MPa	119.7MPa	175.7MPa

그림 2.29 **압축 시험 전경**

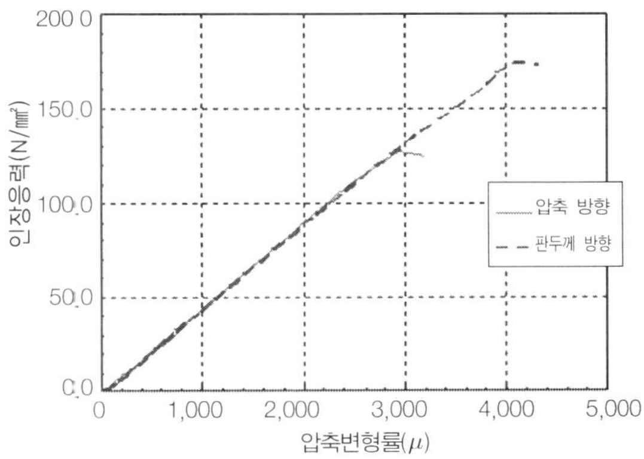

그림 2.30 **압축강도 시험 결과**

PP-압출성형-HPFRCC의 휨강도 실험 장면 및 실험 결과는 그림 2.31 및 2.32와 같다. 그림과 같이 휨인장 측면 하부의 휨인장 균열은 휨모멘트 작용 구간(150mm) 내에서 평균 균열간격 약 10mm로 폭넓게 확산되는 특성을 보이고 있다.

그림 2.31 **휨 시험 전경**

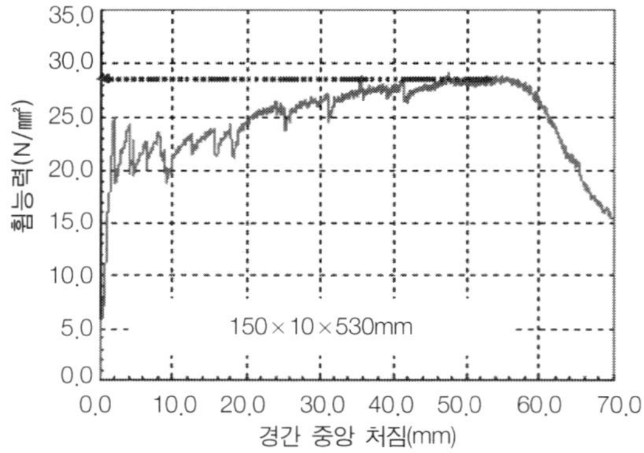

그림 2.32 **휨 시험 결과**

2.6 강섬유보강-RPC

RPC는 반응성 미분말인 미분말의 시멘트 복합재료이고 적절하게 섬유로 보강하여 초고강도, 고내구성이 더해져 우수한 인성을 갖게 된다. 또한 유동성이 우수하여 자기충전이 가능하다. RPC는 매트릭스 구성, 적절한 섬유보강, 매트릭스의 구성 입자를 모두 효율적으로 분산시키는 고성능 감수제의 기반기술로부터 시작된 재료기술이라 생각할 수 있다. RPC 매트릭스는 시멘트, 석영질 미분말, 규사 등으로 구성되며 이러한 분채의 혼합비율은 최대 밀실충전이론을 근거로 결정되고 RPC의 높은 유동성, 강도 특성 및 내구성에 중요한 역할을 한다. 보강용 섬유는 강섬유 또는 PVA섬유가 이용되고 기계적인 특성이 중시되는 경우는 강섬유를 사용하고 미관·의장성 등을 중시하는 경우에 PVA가 이용된다. 강섬유는 직경 0.2mm, 길이 15mm의 단섬유이고, 강섬유는 경화 매트릭스와의 인장저항을 고려하여 특수한 가공을 한다. 특히 기계적 특성이 우수한 강섬유를 혼입하여 섬유의 가교효과와 매트릭스의 보강효과를 얻을 수 있고 RPC의 인성 및 균열 저항성을 향상시킬 수 있다.

표준적인 강섬유보강 RPC-FM[17)]의 배합조건은 물 180kg/m³, 프리믹스트 분말 2,297kg/m³, 강섬유 157kg/m³(2vol%), 전용 감수제 20~30kg/m³이고 RPC는 200MPa 이상의 압축강도를 확보하기 위하여 극히 적은 물-시멘트비 0.22로 배합된다. 이러한 최대 밀실로 충전된 프리믹스 분말과 전문 감수제의 상승효과에 의해 실현된 것이고 강섬유의 표준 사용량은 157kg(2vol%)이지만, RFC의 모르타르는 적절한 점성을 가지므로 섬유 분산성은 양호하다. 또한 감수제는 단위수량의 일부로서 20~30kg/m³ 정도 첨가된다. RPC-FM의 플래시 성상은 플로 실험에 의한 플로값을 관리지표로 한다. 표준적인 플로값은 220~270mm 정도이고 이 범위에서 우수한 충진성을 갖는다.

RPC의 압축강도는 매우 높고, 탄성계수도 일반 고강도 콘크리트와 비교하여 크다. 그림 2.33은 압축강도 시험 때 얻어진 응력도-변형률 관계 곡선이고, 이때 사용된 공시체 치수는 ϕ50×100mm이다. 그림과 같이 압축강도는 238MPa, 탄성계수 520GPa, 포아송비는 0.22로 보고되고 있다.

휨강도 측면에서도 그림 2.34와 같이 RPC는 높은 휨강도를 보이며 인성도 우수한 것으로 나타났다. 시험체 치수는 40mm×40mm×160mm로 초기 휨균열강도는 25MPa, 최대 휨강도는 45MPa까지 증가되었으며 이는 보통 콘크리트의 5~19배에 해당된다.

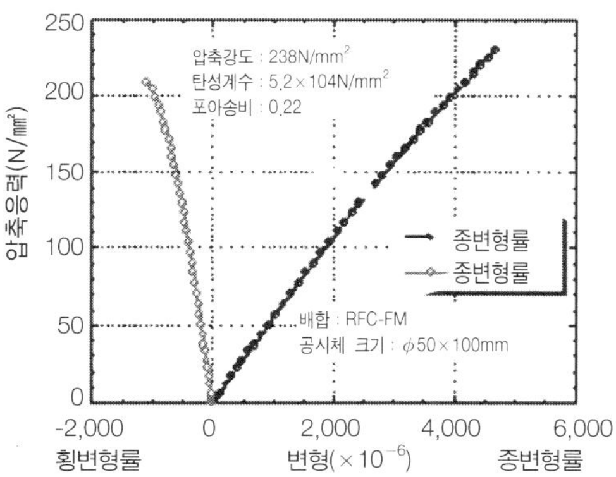

그림 2.33 **RPC-FM의 압축 특성**

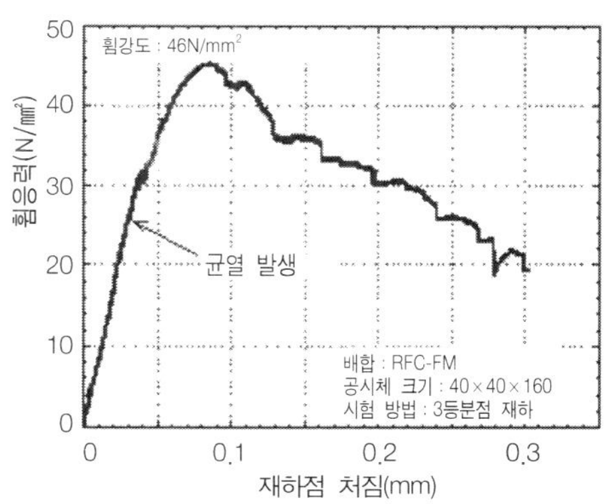

그림 2.34 **RPC-FM의 휨 특성**

제 3 장 고인성 시멘트 복합재료의 국내외 주요 연구성과

3.1 개요

HPFRCC는 일반적으로 시멘트계 재료의 취성적인 성질을 극복할 수 있으며, 철근콘크리트(RC)조 구조물에 대해서 보다 높은 성능과 새로운 종류의 가치를 부여할 수 있는 가능성이 있다. 이것이 사회 요구와 합치되면 성능설계에 있어서 유용한 하나의 기술이 될 것이다. 이러한 HPFRCC는 새로운 각종 용도의 기술이 개발될 것으로 기대할 수 있으며, 토목, 건축의 콘크리트 공학 분야에 기술혁신을 가져올 가능성을 가지고 있다. HPFRCC 적용을 위해서는 우선 그 재료 특성을 어떻게 구조물의 특성 향상에 관련시킬 것인가를 명확하게 할 필요가 있으며, 구성 재료의 특성을 구조 재료와 구조 시스템의 성능을 어떻게 효과적으로 적용할 것인가 라는 설계의 개념이 중요하다. 더욱이 어떻게 해서 재료를 제조할 것인가 혹은 어떻게 시공할 것인가라는 정보도 빼놓을 수 없다.

1980년대 이후로 HPFRCC에 대한 많은 연구[18)19)]가 진행되어 왔으며, 이에 대한 연구성과를 근거로 이러한 신재료를 구조물의 보수·보강, 2차 제품, 내진요소 및 단일부재[20)21)] 등에 적용하고자 하는 연구가 진행되고 있다. 그리하여 일부는 실용화되어 있거나 현재 실용화 단계에 있다고 할 수 있다. 이 절에서는 문헌상으로 보고된

HPFRCC가 건설 분야에 적용되었거나 적용을 위하여 연구 단계에 있는 대표적인 연구성과를 소개한다. 또한 앞으로 적용 가능한 다양한 아이디어를 창출하고 실제로 적용함으로써, 실적을 쌓고 그에 따른 풍족한 사회의 실현에 기여하고자 한다.

한편, 콘크리트 구조물의 유지관리라는 측면에서 내구성이 뛰어난 보수·보강 재료의 개발이 필요하다. 보수·보강 재료에는 강도와 균열에 대한 저항성뿐만 아니라, 모재 콘크리트와의 부착성능 등도 요구된다. HPFRCC를 실제의 보수·보강 공사에 사용한 시공 사례는 거의 없다. 그 이유로는 현 시점에서 다른 보수·보강법에 비교해서 비용이 비싸고 제조 방법을 포함한 대량 공급의 시스템이 정비되어 있지 않으며 시공상의 문제점들도 남아 있기 때문이다. 하지만 이런 문제들은 시행착오를 통해 개선되고 있으며 멀지 않은 미래에 해결할 수 있을 것으로 전망된다.

3.2 국내에서 HPFRCC의 구조 부재 적용 연구성과

이 절에서는 현재까지 국내에서 개발된 HPFRCC의 특성 및 구조 부재의 내구성 및 구조성능 향상을 위하여 적용된 연구 사례에 대하여 소개하고, 관련 기술자들의 HPFRCC와 같은 신재료에 대한 특성 이해와 기술적인 신뢰성을 향상시키는 것을 목적으로 한다.

3.2.1 HPFRCC의 직접인장성능

윤현도[22] 등은 자동차 타이어 보강용 꼬인 5연선 강섬유(Steel Cord), 폴리에틸렌(polyethylene, PE), 폴리비닐알코올(polyvinyl alcohol, PVA) 등을 사용하여 HPFRCC를 제조하였으며 이러한 섬유를 각각 또는 함께 사용하여 보강된 시멘트 복합재료의 인장 및 균열분산 특성을 평가하였다.

직접인장성능 평가를 위한 인장시험편으로 100mm×200mm의 원주형 공시체와 중앙부에서 30mm×30mm 정사각형 단면을 갖는 덤벨형(dumbbell shape) 시험편을 사용하였다. 특히 원주형 공시체를 사용한 직접인장 실험 시 단조 및 반복재하에 따른 인장거동 특성을 평가하였다.

그림 3.1은 원주형 공시체를 사용한 HPFRCC의 단조 및 반복재하 시 직접인장응력 및 변형률 관계 곡선을 보강섬유 종류 및 혼입조건에 따라 비교하여 나타낸 것이다. 그림 3.1(a)에 나타난 바와 같이 상대적으로 낮은 인장강도와 탄성계수를 갖는 PVA섬유와 높은 인장강도와 탄성계수를 갖는 SC 및 PE섬유로 보강된 HPFRCC의 인장거동은 보강섬유의 물성에 따라 상이한 특성을 보이고 있다. 특히 재질이 다른 두 종류의 섬유를 혼입하여 보강된 시멘트 복합재료의 인장성능이 단일한 종류의 섬유로 보강된 시멘트 복합재료의 인장성능을 누적한 특성과 유사하게 나타났다. 그림 3.1(b)는 PE 및 SC를 혼입하여 보강한 HPFRCC에 대한 단조 및 반복인장재하 시 응력 및 변형률 관계 곡선을 비교하여 나타낸 것이다. 그림 3.1(b)에 나타난 바와 같이 단조재하 시 응력-변형률 관계 곡선은 반복재하 상태에서 응력-변형률 관계 곡선의 포락선과 일치하는 경향을 보이고 있으며, 반복재하에 따라 HPFRCC의 인장강도 및 변형능력은 감소되지 않았다.

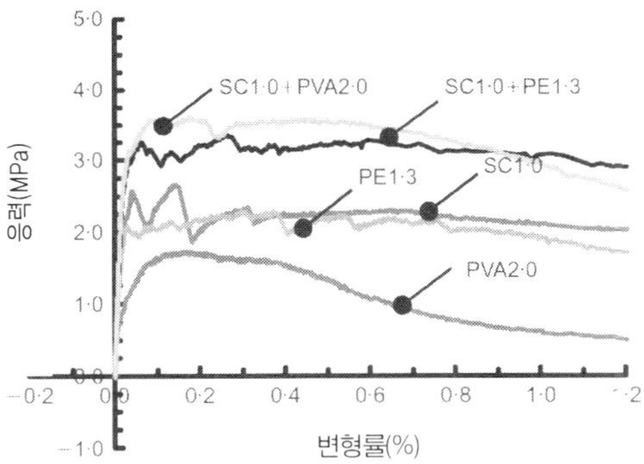

(a) 단조 가력

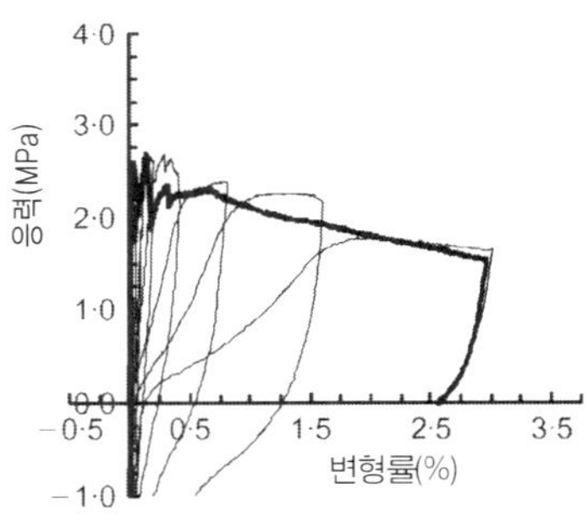

(b) 반복 가력(SC1.0+PE1.3 실험체)

그림 3.1 **HPFRCC 원주형 공시체의 인장 특성**[22]

김규용[23]은 1.5 및 2.0%의 PE 단일섬유로 보강된 HPFRCC를 대상으로 믹서의 종류(옴니믹서와 2축 믹서)와 비빔 방법(실험실 및 현장 배처 플랜트에서 비빔) 등을 변수로 인장 특성을 평가하였다. 이 연구는 실험실 수준에서 제조된 HPFRCC를 현장 배처 플랜트에서 대량 생산을 할 때 인장성능에 대한 평가를 위하여 두께 20mm, 폭 60mm

인 플레이트형 인장시험편을 제작하여 인장 실험을 실시하였다.

그림 3.2는 PE합성섬유 2.0%로 보강된 HPFRCC의 플레이트형 인장시험편의 직접인장 시험 결과를 믹서 종류 및 비빔 방법에 따라 비교하여 나타낸 것이다. 그림 3.2(a)는 60ℓ 옴니믹서를 사용한 경우와 100*l* 용량의 2축 믹서를 사용하여 제작된 HPFRCC의 직접인장 시험 결과이며 두 믹서의 사용 시 인장강도에는 큰 차이가 없는 것으로 나타났다. 그러나 인장변형능력은 옴니믹서를 사용한 경우 2축 믹서를 사용한 경우에 비하여 3배 이상 높게 나타났다. 이는 옴니믹서 날의 회전 방향은 1방향으로 회전되는 반면에 2축 믹서는 두 개의 축에 부착된 날의 회전 방향이 상반되어 합성 PE섬유의 분산에 2축 믹서에 의한 비빔이 불리하게 작용하였기 때문인 것으로 보고되고 있다. 그림 3.2(b)는 2축 믹서를 사용하여 실험실 및 현장 배처 플랜트에서 생산된 HPFRCC의 인장거동 특성을 비교하여 나타낸 것이다. 실험실에서 100*l* 소량으로 생산된 HPFRCC의 인장강도는 현장 배처 플랜트에서 3,500*l* 대량으로 생산된 HPFRCC의 인장강도에 비해 37% 높게 나타났다. 이는 굵은 골재를 포함하지 않은 HPFRCC 바인더 및 보강섬유가 현장 배처 플랜트에서 효율적으로 물과 혼합되지 않았고, 또한 시멘트 페이스트 내에서 섬유의 분산이 원활하게 이루어지지 않았기 때문인 것으로 보고되고 있다.

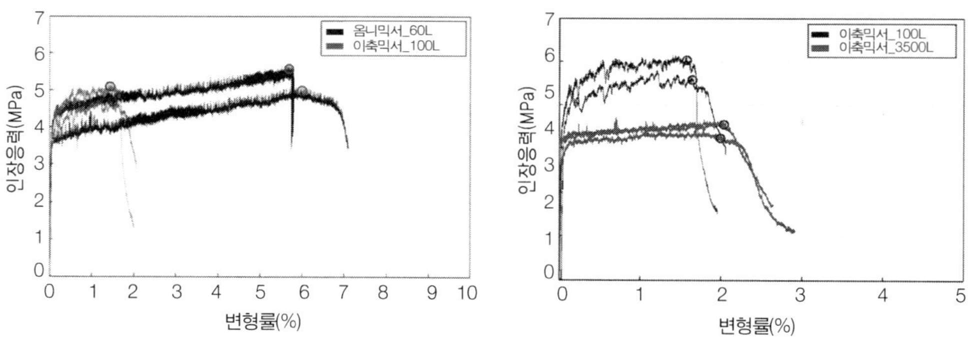

(a) 믹서 종류의 영향 (b) 비빔 방법의 영향

그림 3.2 **HPFRCC의 플레이트형 인장시험편의 직접인장성능**[23]

김윤용[24]은 물-시멘트비(w/c =0.475 및 0.600)와 고로 슬래그가 PVA섬유 2%로 보강된 HPFRCC의 직접인장성능에 끼치는 영향을 평가하였다. 모든 배합조건하에서 HPFRCC는 미소한 다수 균열 특성을 보였으며 인장변형능력 1.0%에서 3.6%에 이르는 변형경화형 인장거동 특성을 보였다. 물-시멘트비($w/c=0.475$)가 낮은 HPFRCC는 높은 물-시멘트비($w/c=0.600$)를 갖는 HPFRCC에 비하여 낮은 변형능력을 보였다. 고로 슬래그를 혼입한 HPFRCC의 인장변형능력 및 인장강도는 슬래그를 혼입하지 않은 HPFRCC에 비해 높게 나타났는데, 이는 고로 슬래그가 구형 입형이기 때문에 고로 슬래그가 HPFRCC 매트릭스의 시공성 및 섬유의 분산 특성을 개선함에 따른 것으로 보고하고 있다.

임윤묵[25]은 2% PVA로 보강된 HPFRCC에서 물-시멘트비($w/c=0.30$ 및 0.45)에 따른 HPFRCC의 인장 특성을 평가하였다. 앞서 기술한 바와 같이 변형경화형 인장거동 측면에서 높은 물-시멘트비를 갖는 HPFRCC가 낮은 w/c를 갖는 HPFRCC에 비해 우수한 것으로 보고하고 있다.

조창근[26] 은 시멘트를 전혀 사용하지 않고 알칼리 활성 슬래그를 결합재로 사용함으로써 2% PVA섬유를 보강하여 HPFRCC가 갖는 미소한 다수균열 및 변형경화 특성의 부여 가능성을 평가하였다. 물-결합재비(w/b) 0.35 및 0.55인 HPFRCC는 직접인장하에서 모두 미세한 다수균열 및 변형경화거동 특성을 보여 상기의 물-결합재비를 사용한 HPFRCC의 제조 가능성을 제안하였다. 현재까지 HPFRCC를 구현하기 위하여 주로 합성 PVA, PE 및 꼬인 강섬유 등이 사용되었다. 최근 포스코(POSCO)에서 생산하여 건설보강용 섬유로 사용하고자 시도하고 있는 비정질 강섬유(amorphous steel fiber)를 HPFRCC의 구현을 위해 사용하려는 시도가 이루어지고 있다.[27] 그림 3.3은 길이 3mm인 비정질 강섬유의 혼입률(0.75, 1.00, 1.25 및 1.50%)에 따른 덤벨형 인장시험편의 직접인장응력-변형률 관계 곡선을 비교하여 나타낸 것이다. 비정질 강섬유

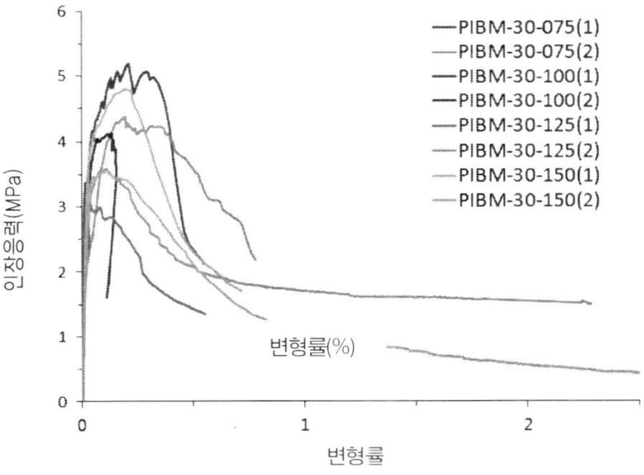

그림 3.3 **비정질 강섬유를 혼입한 HPFRCC의 인장성능**[27]

의 혼입률에 따라 직접인장강도는 3.5MPa에서 5.4MPa, 인장변형률은 0.50%에서 0.75%로 다소 차이를 보이고 있으나 초기 균열 이후 급격한 파괴 없이 유사 변형경화거동 특성을 보였다. 조창근은 이러한 연구 결과를 근거로 비정질 강섬유를 활용한 HPFRCC의 제조 가능성을 확인하였다.

3.2.2 HPFRCC의 내구성 평가

국내에서 HPFRCC의 내구성에 대한 연구는 HPFRCC의 개발 및 인장성능 평가에 대한 연구에 비하여 상대적으로 적게 수행되었다. HPFRCC의 내구성 평가 연구에서는 염소이온 침투, 중성화 깊이 및 동결융해 저항성능 등이 검토되었다.

이상수[28]는 폴리머 시멘트 모르타르(Polymer cement mortar, PCM), 섬유보강 콘크리트(fiber-reinforced concrete, FRC) 및 HPFRCC를 대상으로 중성화 깊이 및 염화물이온 침투 깊이와 균열 발생 상태에서의 염화물이온 침투 깊이를 4주, 8주 및 12주에 각각 평가하였다. 본 연구에서는 총 4종류의 시멘트 복합재료의 내구성이 평가되었다. 4종류의 시멘트 복합재료로 PCM-1은 기존 상용화된 재료, PCM-2는 HPFRCC의 매트릭스, FRC는 HPFRCC 매트릭스에 PVA섬유를 1.2% 혼입한 시멘트 복합재료, HPFRCC는 PVA섬유 2.0%를 혼입한 시멘트 복합재료로 각각 구성된다.

그림 3.4는 검토 대상 4종류의 시멘트 복합재료에 대한 재령(주)별 염소이온 및 중성화 깊이 변화를 비교하여 나타낸 것이다. 그림 3.4(a)에 나타난 바와 같이 현재 상

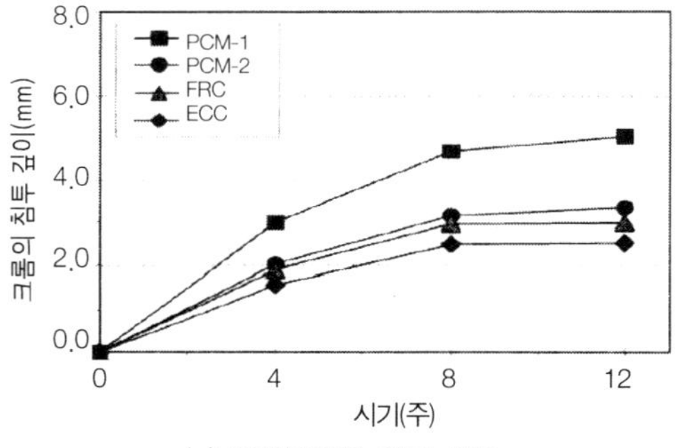

(a) 염화물이온 침투 깊이

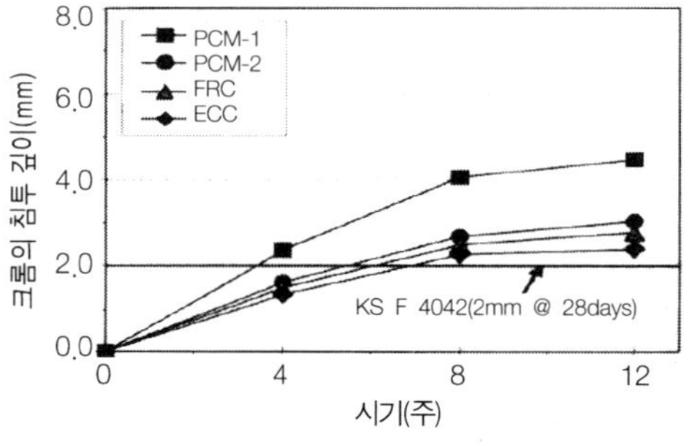

(b) 중성화 깊이

그림 3.4 **HPFRCC의 내구성능**[28]

업용으로 시판되고 있는 PCM의 염소이온 침투 깊이는 재령 초기부터 HPFRCC에 비해 크게 나타났다. 12주차에 이르러 HPFRCC에 비하여 염소이온 침투 깊이는 2배 이상 차이를 보이고 있다. 그림 3.4(b)에서 4주차에서 기존 상업용 PCM은 KS F 4042에서 규정하고 있는 중성화 깊이를 다소 상회하고 있으나, 제안된 HPFRCC는 12주차에 이를 때까지 중성화 깊이는 2.5mm로 낮게 나타났다. 이상과 같이 상업용 PCM에 비해 HPFRCC가 높은 내구성능을 보이고 있는 것은 기존 PCM에 비하여 제안된 HPFRCC가 부배합이기 때문이라고 보고하고 있다.

윤현도[29]는 PE섬유 1.5% 및 PVA섬유 2.0%로 각각 보강된 100mm×200mm HPFRCC 원주형 시험편을 수중 동결융해(KS F 2456, A법) 환경에 노출하여 직접인장 및 균열 거동 특성을 평가하였다. 그림 3.5(a)는 0, 100 및 200사이클의 동결융해 환경에 노출된 PE섬유로 보강된 HPFRCC시험편의 단조인장재하 시의 응력-변형률 관계 곡선이다. 100사이클 이내의 동결융해에 노출된 HPFRCC 직접인장거동은 동결융해에 노출되지 않은 경우와 유사한 특성을 보이고 있다. 그러나 HPFRCC를 200사이클의 동결융해에 노출 시 변형능력이 저하되는 특성을 보였다. 그림 3.5(b)는 PVA섬유로 보강된 HPFRCC의 반복인장재하 시 인장거동 특성을 경험한 동결융해 사이클별로 비교하여 나타낸 것이다. PE섬유로 보강된 HPFRCC의 단조재하 시 특성과 유사한 특성을 보이고 있다. 이러한 연구로부터 윤현도 등은 동결융해 환경에 HPFRCC가 노출됨에 따라 섬유와 시멘트 복합재료의 계면(Interface Transition Zone, ITZ) 특성이 변화되었기 때문이라고 보고하고 있다.

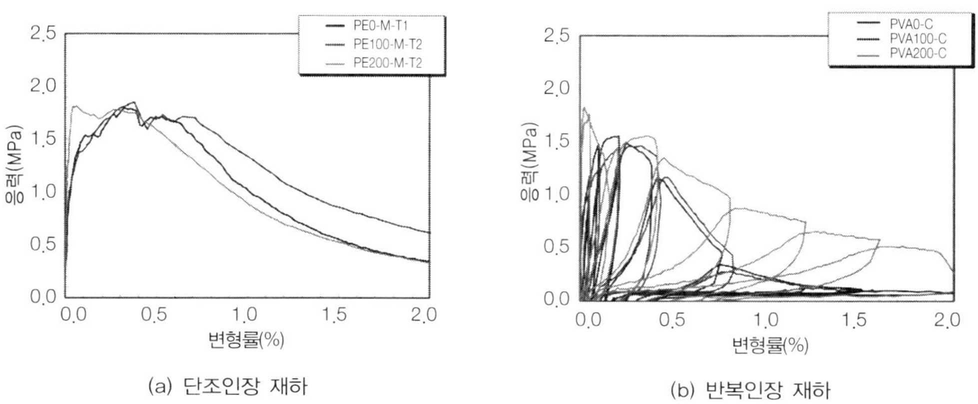

(a) 단조인장 재하 (b) 반복인장 재하

그림 3.5 **동결융해 환경에 노출된 HPFRCC의 인장성능**[29]

3.2.3 HPFRCC의 충격 및 방폭성능

윤영수[30]는 후크형 강섬유, 마이크로 및 매크로 PVA섬유 등으로 보강된 HPFRCC를 사용한 100mm×100mm×400mm 휨 시험체를 제작하여 1,000J 용량의 낙하 시험기로 시험체 중앙부에 충격하중을 도입하여 내충격 특성을 평가하였다. 그림 3.6(a) 및 (b)는 시멘트 복합재료의 종류별 및 HPFRCC 종류별 충격하중과 변위 관계를 비교하여 나타낸 것이다. 그림 3.6(a)에서 FRC(SC) 및 HPFRCC(PVA2)의 충격저항능력은 보통콘크리트(CN)의 충격저항능력에 비해 10~20% 증가되는 반면 FRC 및 HPFRCC의 충격에너지는 CN에 비해 각각 3.2배 및 3.9배 증가되는 것으로 나타났다. 그림 3.6(b)는 HPFRCC에서 마이크로 및 매크로 PVA의 혼입조건에 따라 내충격성능은 다소 차이를 보이고 있으며 마이크로 섬유와 매크로 섬유의 혼입을 통하여 내충격성능을 개선할 수 있는 것으로 보고되고 있다.

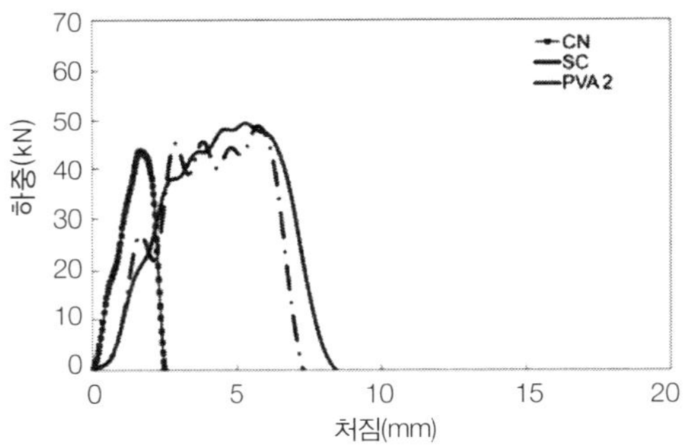

(a) 콘크리트, FRC, HPFRCC

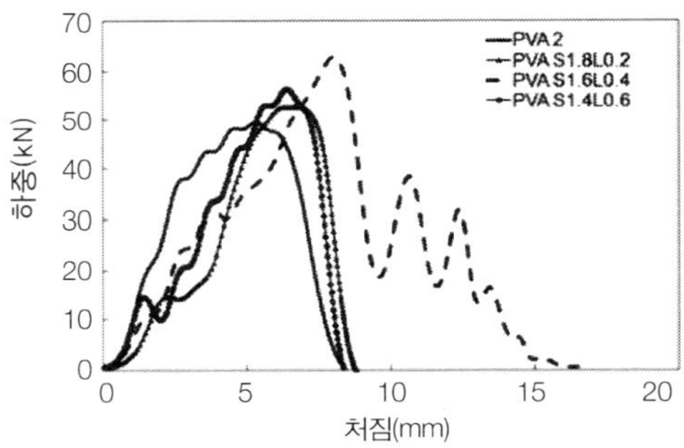

(b) HPFRCC

그림 3.6 **시멘트 복합재료의 충격하중-처짐 관계**[30]

김규용은 HPFRCC에 대하여 고속 비상체 충돌을 통한 내충격성능[31] 및 에멀션 폭약을 사용한 접촉폭발성능[32] 평가를 위한 실험을 실시하였다. 고속 비상체로서 4mm 직경의 강재 환구가 사용되었으며 비상속도는 350m/s로 헬륨가스를 이용하여 환구를 비상 및 가속하는 시험장치를 사용하였다. 본 연구에서 내충격성이 평가된 HPFRCC는 w/b가 0.4이고 PVA, PE, 강섬유 등이 단일 또는 혼입하여 제조되었다. 고속 비상체를 활용한 내충격 실험 사진은 그림 3.7(a)와 같고 시험체는 두께 10mm이며 100mm×100mm 정사각형 판으로 구성된다. 그림 3.7(b)는 시멘트 복합재료 및 인장변형능력에

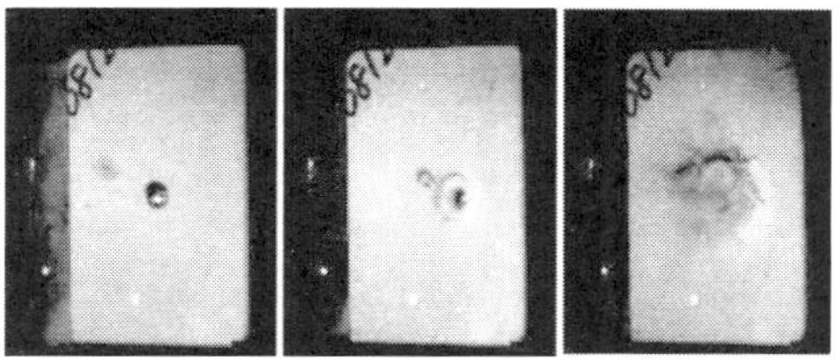

(a) 비상체

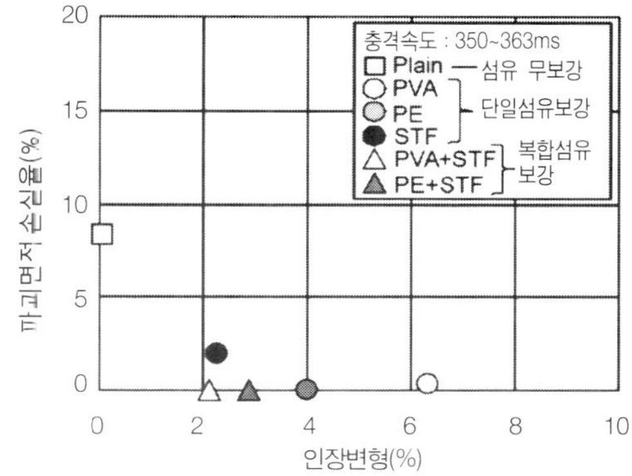

(b) 방폭성능

그림 3.7 **초고속 비상체에 의한 HPFRCC의 방폭성능**[31)]

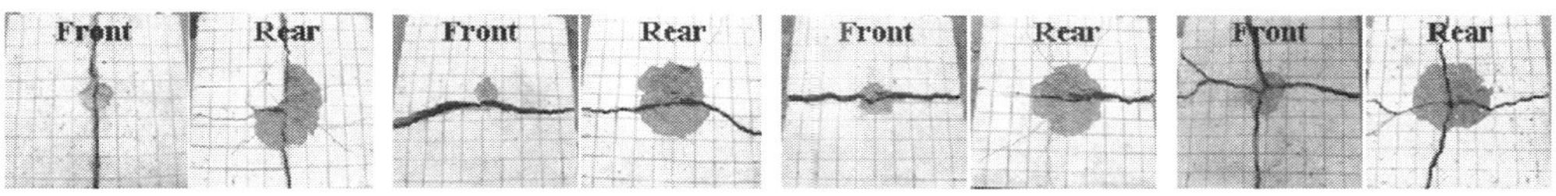

(a) Plain-C : 표면 및 배면파괴 100-50[1)] (b) Plain-C : 표면 및 배면파괴 100-75 (c) Plain-C : 표면 및 배면파괴 100-100 (d) Plain-C : 관통파괴 100-200

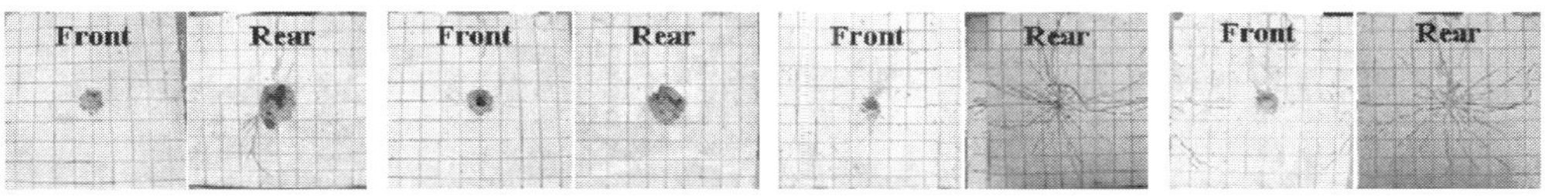

(e) PVA+STF : 관통파괴 40-100 (f) PVA+STF : 관통파괴 60-100 (g) PVA+STF : 표면 및 배면파괴 80-100 (h) PVA+STF : 표면파괴 90-100

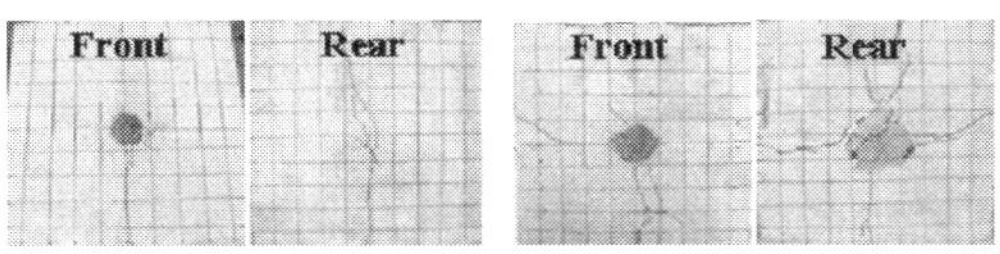

(i) PVA+STF : 표면파괴 100-100 (j) PVA+STF : 표면 및 배면파괴 100-200

주 1) 시험체 두께-폭약량

그림 3.8 **에멀션 폭약에 의한 HPFRCC의 파괴 및 손상 특성**[32)]

따른 비상체 충돌 후 배면파괴면적 비율을 비교하여 나타낸 것이다. 보통 콘크리트의 비상체 충돌 후 배면파괴면적은 FRC 및 HPFRCC에 현저히 크게 나타났으며 HPFRCC는 강섬유로 보강된 FRC에 비하여 배면파괴 손실면적이 낮게 나타난 것으로 보고하고 있다. 그림 3.8은 에멀션 폭발물 50, 75, 100, 200g을 두께 100mm, 1,000mm×1,000mm 정사각형 판형 시험체의 중앙부에 설치하여 폭발시킨 후 콘크리트와 HPFRCC의 정면 및 배면파괴 양상을 비교하여 나타낸 것이다. HPFRCC의 균열손상 제어 특성은 정적하중하에서 뿐만 아니라 폭발하중과 같은 극단하중하에서도 시멘트 매트릭스에 발생한 균열을 효율적으로 가교함으로써 방폭성능을 크게 개선하는 것으로 보고하고 있다.

3.2.4 HPFRCC의 내화성능

한병찬[33]은 모르타르와 보강섬유로 PVA 및 PP섬유를 사용한 10개 배합의 HPFRCC에 대한 폭렬 및 내부온도 특성을 평가하였다. 100mm×200mm 원주형 공시체를 Hydro-carbon 곡선을 적용하여 1시간 동안 가열하였다. 모르타르는 가열시간 5분에 이르러 폭렬이 발생하였으나 PP섬유 1.15%가 보강된 HPFRCC를 제외한 모든 배합의 HPFRCC는 가열 실험 종료 시까지 폭렬현상이 발생하지 않았다. 가열 30분 이후 HPFRCC시험체 표면으로부터 50mm 내부온도는 모르타르 공시체에 비하여 보강섬유의 종류 및 혼입량에 따라 다소 차이를 보이고 있으나 28~35% 낮게 나타났다고 보고되고 있다. 단면이 260mm×260mm이고 높이가 800mm인 100MPa 압축강도를 갖는 철근콘크리트 기둥을 대상으로 PVA 2.0%를 혼입한 HPFRCC로 기둥 표면을 20, 30, 40, 50mm 두께로 피복한 후 건축구조 부재의 내화 시험 방법(KS F 2257-1)에 따라 3시간 동안 가열 시험 후 기둥의 폭렬, 내부온도 변화를 비교하여 그림 3.9에 나타냈다.[34] 그림 3.9(a)에 나타난 바와 같이 고강도 콘크리트의 내화성능 확보 방안으로 제안된 PP섬유 0.22% 혼입한 철근콘크리트 기둥의 실험 종료 후 폭렬 상태는 HPFRCC로 20mm 피복한 기둥에 비하여 심각하게 나타난 바 HPFRCC는 고강도 콘크리트 기둥의 폭렬제어에 유효하다고 보고되고 있다. 이는 그림 3.9(b)의 가열 시 기둥 내부 온도변화에 나타난 바와 같이 HPFRCC는 열의 차단성능이 우수하고, 이로 인하여 철근콘크리트 기둥의 폭렬을 지연하고 있는 것으로 평가되고 있다.

이상수[35]는 PVA 2%를 혼입하고 규사 혼입량 및 내화재 혼입량이 상이한 3개 배합의 HPFRCC를 사용한 기둥 부재용 거푸집을 제작하여 ISO 834 가열곡선에 따라 가열 실험을 실시하여 HPFRCC 기둥용 거푸집의 폭렬 및 내부온도 변화에 대하여 평가하였다.

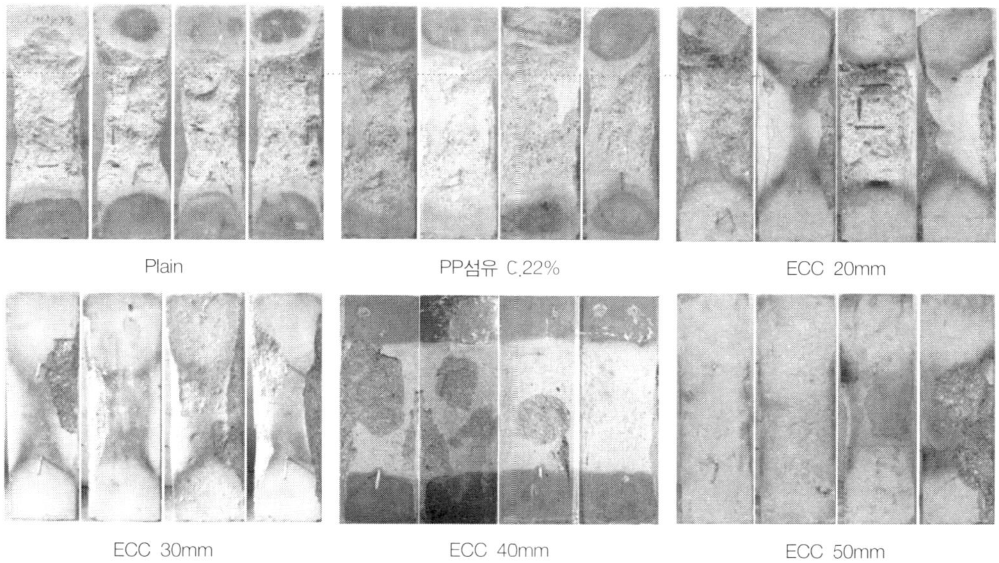

(a) 내화성능 평가 후 FR-HPFRCC의 파괴 양상

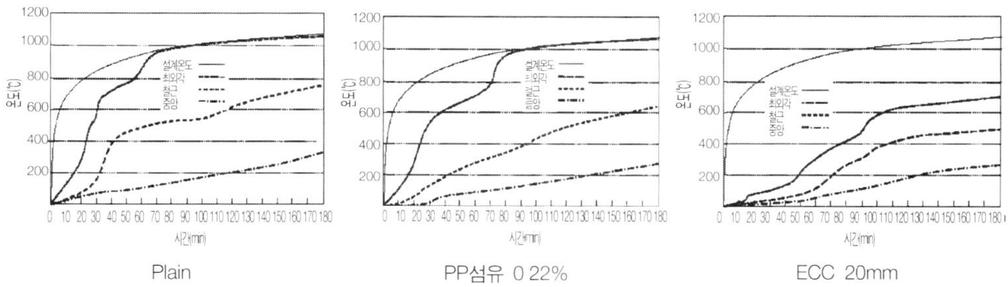

(b) 실험체의 내부 시간-온도 관계

그림 3.9 **HPFRCC로 피복한 기둥의 내화성능**[34)]

3.2.5 보 부재의 보수 및 보강

김장호[36)]는 단면 160mm×160mm, 순경간 1,200mm의 단근 철근콘크리트 보의 인장측 연단에 25mm 및 50mm 두께를 갖는 FVA섬유 2%를 혼입하여 제조한 HPFRCC를 보강하여 전단성능 및 파괴특성을 평가하였다. 철근콘크리트 보는 전단보강 유무에 따라 두 그룹으로 분류된다. 그림 3.10(a)는 전단보강 유무에 따른 철근콘크리트 보의

중앙부 처짐 및 전단응력 관계 곡선을 비교하여 나타낸 것이다. 전단보강되지 않은 철근콘크리트 보는 그림 3.10(a)에 나타난 바와 같이 취성적인 거동특성을 보이고 있으나 인장측 하부에 콘크리트 대신 25mm 두께의 HPFRCC로 대체 시 그림 3.10(b)와 같이 전단내력 및 연성이 크게 향상되는 것으로 나타났다. 전단보강된 철근콘크리트 보는 인장측에 HPFRCC의 보강 여부에 따라 내력 및 변형능력의 증진은 낮게 나타났으며 이는 최종 파괴 양상을 근거로 볼 때, 휨 압축파괴에 따른 것으로 판단된다.

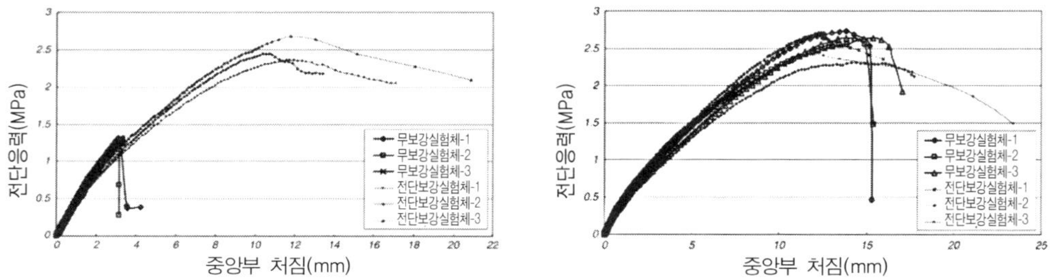

(a) 무보강 실험체　　(b) 25mm HPFRCC로 보강된 실험체

그림 3.10 **철근콘크리트 보의 전단거동**[36)]

윤현도[37)]는 단면 200mm×300mm, 순경간 1,650mm의 철근콘크리트 보에 직경 25mm 이형철근을 3개씩 상하부로 대칭 배근하고 20mm 두께의 피복 콘크리트를 제거한 후 HPFRCC로 단면 복구한 철근콘크리트 보와 기존 콘크리트 표면에 30mm 두께로 HPFRCC 단면 증설한 철근콘크리트 보에 대한 반복재하 실험을 실시하였다. 본 연구에서 사용된 HPFRCC는 PVA 및 PE섬유를 각각 0.75%씩 혼합하여 보강하였으며 압축강도 48.1MPa이며 직접인장강도 및 변형능력은 각각 4.8MPa 및 0.7%로 나타났다. 그림 3.11은 표준 철근콘크리트 보, 피복 두께 20mm를 HPFRCC로 단면복구(patching) 및 30mm 단면 증설(layering)한 철근콘크리트 보 실험체의 하중-변위 관계 곡선을 비교하여 나타낸 것이다. HPFRCC에 의한 단면복구 및 단면증설은 반복하중하에서 철근콘크리트 보의 변형능력 및 강도증진에 유효한 것으로 보고되고 있으며, 이는 HPFRCC의 우수한 인장성능에 따른 것이라는 결론은 제시하고 있다.

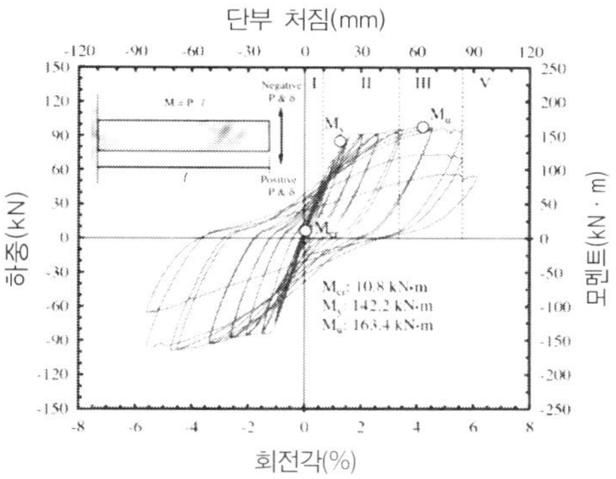

(a) 무보강 콘크리트 보

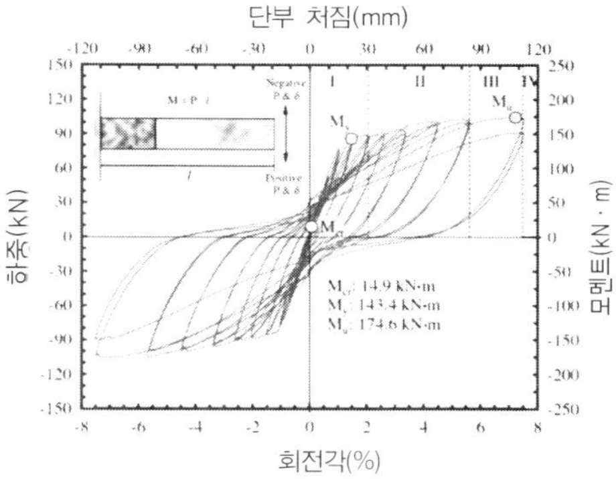

(b) HPFRCC를 20mm 보강한 보

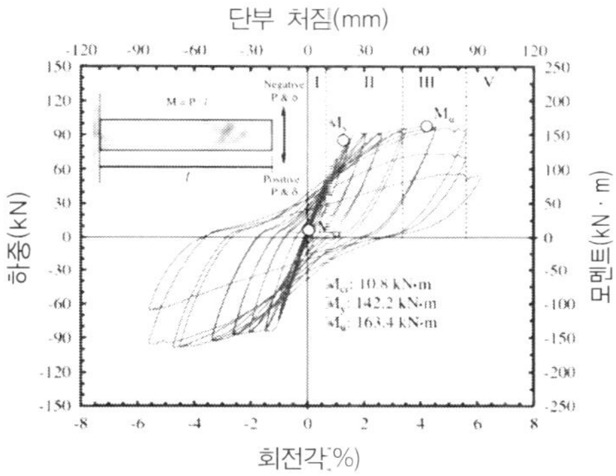

(c) HPFRCC를 30mm 보강한 보

그림 3.11 **보 부재의 거동 특성**[37)]

3.2.6 벽체의 보수 및 보강

2000년대 초 정부에서는 환경보호 및 자원절약 차원에서 노후 아파트의 재건축을 제한하고 리모델링을 유도하는 정책을 추진하였다. 1980년대 LH공사에서 시공한 벽식 구조 아파트의 리모델링을 위한 평면 재구성 시 기존 세대간 벽체에 개구부 설치를 위하여 부분적인 절개가 요구되었다. 이와 같이 부분적으로 절개된 전단벽의 내하력 확보를 위한 보강 방안 개발을 목적으로 최창식[38)]은 뿜칠형 HPFRCC로 벽체의 일부(전체 벽체면적의 23%)를 절개하여 개구부를 설치한 철근콘크리트 전단벽의 단면을 보강하여 보강성능을 평가하였다. 그림 3.12(a) 및 (b)는 기존 벽체에 개구부를 설치한 전단벽과 동일 조건의 전단벽에 100mm 간격으로 용접철망을 보강한 후 벽체의 양면을 각각 30mm 두께로 뿜칠형 HPFRCC로 보강한 전단벽의 하중-변위 관계를 각각 나타냈다. 뿜칠형 HPFRCC로 단면증설함에 따라 초기강성, 항복강도 및 변형능력이 크게 향상되었으며 최대 내력은 70% 상승되었고 기존 철근콘크리트 전단벽의 내진성능 향상을 위하여 뿜칠형 HPFRCC의 적용 가능성이 보고되었다.

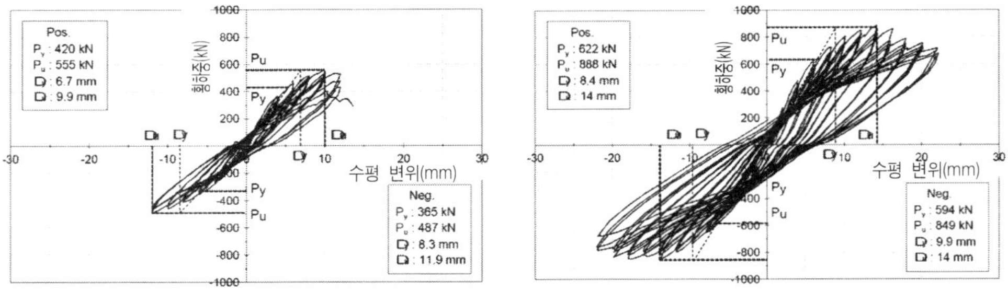

(a) 개구부를 설치한 전단벽 (b) HPFRCC로 보강된 전단벽

그림 3.12 **전단벽의 하중-변위 관계**[38]

또한 최창식[39]은 기존 연립주택의 세대간 벽체로 시공된 비보강 조적벽의 내진성능을 향상시키기 위하여 PVA섬유 2%를 혼입한 뿜칠형 HPFRCC를 활용하여 단면증설함으로써 비보강 조적벽의 내진성능을 향상시키고자 하였다. 이를 위하여 벽체 두께 190mm, 형상비 0.92인 비보강 조적벽체 시험체를 제작하여 반복재하 실험을 실시하였다. HPFRCC 보강 시, 조적벽체와 HPFRCC의 일체성을 증진하기 위하여 15mm 앵커볼트를 300mm로 배치 후 뿜칠형 HPFRCC를 30mm 두께로 증설하였다. 뿜칠형 HPFRCC로 보강된 비보강 조적벽체는 보강 이전에 비하여 강성 1.8배, 최대 강도 3배,

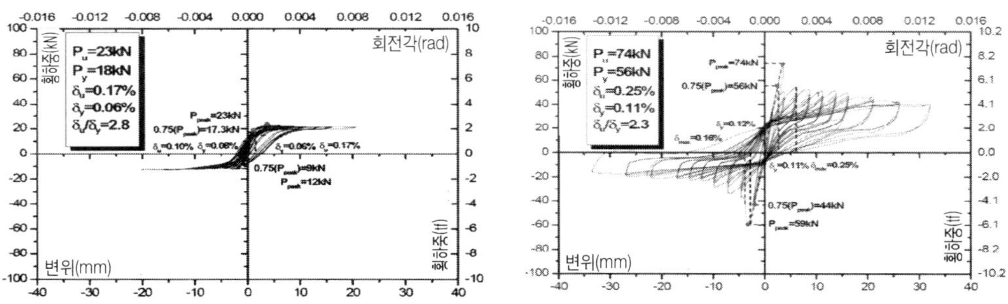

(a) 무보강 조적벽 (b) HPFRCC로 보강된 조적벽

그림 3.13 **조적벽의 거동**[39]

연성은 2배 증진되었다는 결과를 제시하고 있다. 이러한 결과를 근거로 뿜칠형 HPFRCC에 의한 단면증설 방법은 비보강 조적벽체의 내진성능을 향상시키기 위한 합리적인 방안이라고 보고되고 있다.

3.2.7 HPFRCC를 활용한 전단벽 내진보강 요소

윤현도[40]는 비내진 상세를 갖는 1층 1경간의 기존 골조내 기둥과 보에 앵커볼트를 매립한 후 벽체 철근을 정착하고 철근콘크리트 현장타설 및 현장타설 HPFRCC 벽체를 각각 설치하여 비내진 상세를 갖는 철근콘크리트 골조의 내진보강효과를 평가하였다. 본 연구에서 적용된 HPFRCC는 PE 합성섬유 및 5연선 꼬인 강섬유(SC)를 각각 0.75%, 총 1.50%를 혼입하여 제조하였다. 그림 3.14(a) 및 (b)는 콘크리트 및 HPFRCC 벽체로 보강된 골조의 이력 특성을 나타내고 있으며 아울러 최종파괴 사진도 포함하였다. 비내진 상세를 갖는 골조에 HPFRCC 끼움벽의 보강은 동일한 조건의 콘크리트에 끼움벽을 보강한 경우에 비하여 약 2배정도 높은 전단내력을 발휘하면서 대등한 변형능력을 나타내는 것으로 보고되었다.

그림 3.15는 콘크리트 및 HPFRCC를 사용한 형상비 0.55인 전단벽의 하중-상층부 변위 관계를 비교하여 나타낸 것이다. 본 연구에서는 시멘트 복합재료의 종류 및 벽체에 설치된 슬릿(slit)이 높은 전단응력을 받는 전단벽의 내진성능에 끼치는 영향을 평가하고자 한 것이다.[41] 그림 3.15(e) 및 (f)에 나타난 바와 같이 변형 화형 시멘트

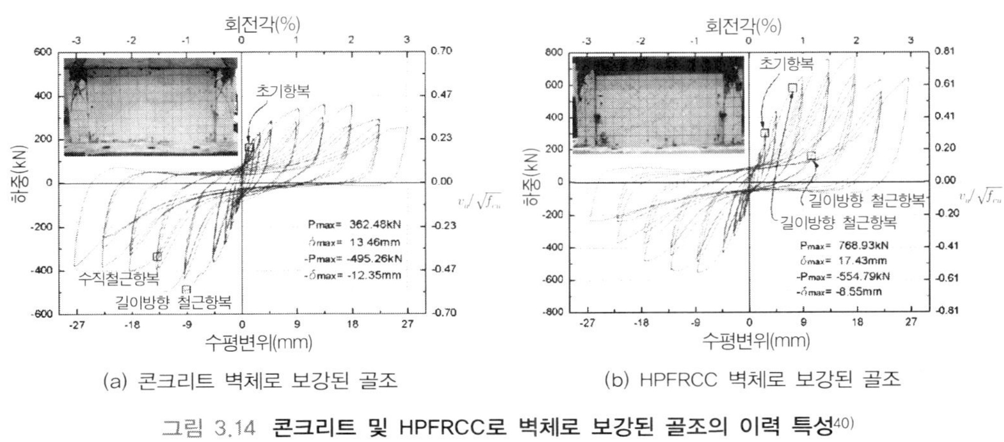

(a) 콘크리트 벽체로 보강된 골조 (b) HPFRCC 벽체로 보강된 골조

그림 3.14 **콘크리트 및 HPFRCC로 벽체로 보강된 골조의 이력 특성**[40]

복합재료를 사용한 전단벽은 높은 전단응력에 의해 변판에 유발된 인장응력에 대하여 매트릭스내의 단섬유가 가교하며 효율적으로 저항하여 향상된 균열손상 제어능력으로 인하여 콘크리트 전단벽에 비해 안정된 이력 특성을 보이고 있다. 반면에 철근콘크리트 전단벽은 사균열에 의해 최대 강도에 이르게 되며 급격한 파괴 양상을 보이는 것으로 보고되고 있다. 철근콘크리트 및 HPFRCC 전단벽에 설치된 크기 40mm×260mm의 3개 슬릿은 전단벽의 최대 강도를 저하시키고 있으나 전반적인 거동 및 균열 진전 과정은 매우 안정되게 나타났다.

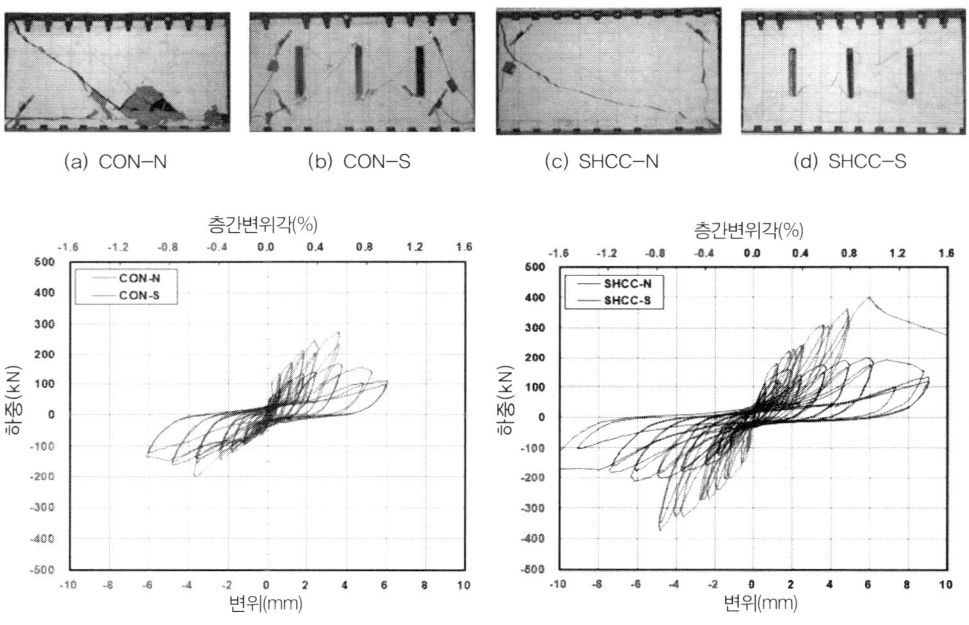

(a) CON-N (b) CON-S (c) SHCC-N (d) SHCC-S

(e) CON-N 및 CON-S (f) HPFRCC-N 및 HPFRCC-S

그림 3.15 **철근콘크리트/HPFRCC 전단벽의 파괴 양상 및 거동 특성**[41]

3.2.8 HPFRCC를 활용한 연결보

윤현도[42]는 특히 높은 전단응력을 경험하게 되는 병렬 전단벽의 연결보(coupling beams)의 배근 상세를 단순화하고 내진성능을 개선하기 위하여 다양한 배근상세를 갖는 연결보에 HPFRCC를 적용한 실험을 실시하였다. 단면 200mm×600mm, 순경간

600m이고 대각선 보강, 주근과 전단보강근만 배근된 기존 보강 상세 및 철판보강 상세 등 다양한 배근 상세를 갖는 보통 콘크리트와 PE 및 꼬인 5연선 강섬유로 보강된 HPFRCC 연결보에 대하여 반복재하를 통한 균열손상 및 구조적인 특성을 비교·평가하였다. 그림 3.16(a) 및 (b)는 철판보강 콘크리트 및 철판보강 HPFRCC 합성 연결보의 최종파괴 양상 및 이력 특성을 비교하여 나타낸 것이다. 콘크리트 합성 연결보에 비하여 HPFRCC 합성 연결보에서는 매트릭스 내 섬유의 가교작용으로 균열분산이 폭넓게 진전되는 것으로 나타났다. 이와 같이 HPFRCC의 변형 경화특성은 높은 전단응력을 받는 연결보와 같은 주요 내진요소의 손상 저감 및 내진성능 향상에 유효한 것으로 보고되고 있다. 또한 높은 전단응력을 받는 연결보의 복잡한 보강 상세를 단순화하기 위하여 적용 가능성이 있다고 결론짓고 있다.

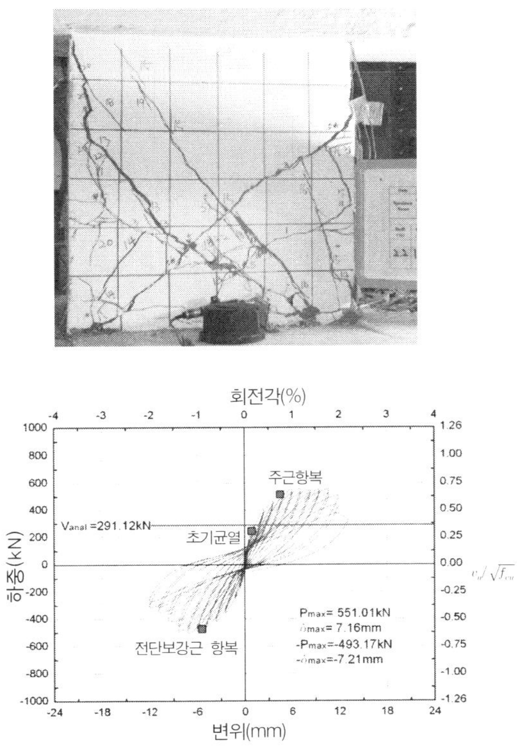

(a) 철골 콘크리트 합성 보

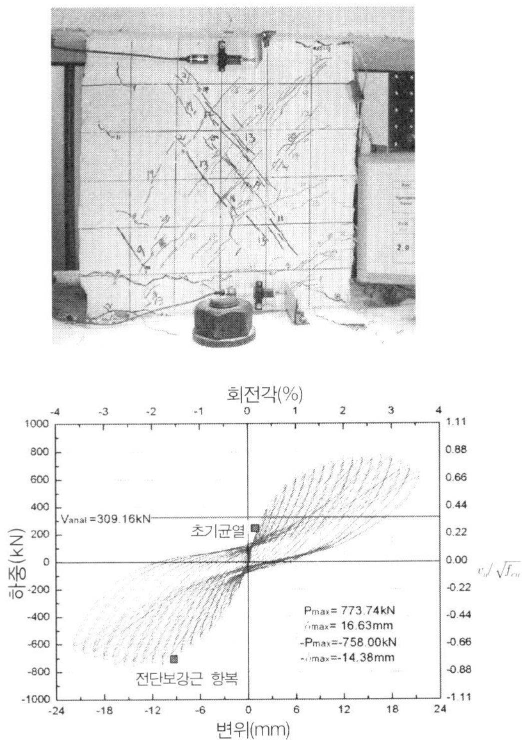

(b) 철골 및 HPFRCC 합성 보

그림 3.16 **커플링 보의 파괴 양상 및 거동 특성**[42)]

3.2.9 HPFRCC를 활용한 기둥

그림 3.17은 중심축력을 받는 기둥에서 HPFRCC의 성능에 따른 압축 및 균열제어성능 평가, HPFRCC 타설에 따른 중심축력을 받는 기둥에서의 횡보강근 대체 가능성을 평가하기 위하여 수행된 실험 결과를 비교하여 나타낸 것이다.[43] 횡보강근비 1.6%로 보강된 표준 실험체인 Mortar-1.6은 최대 강도 이후 다소 취성적인 특성을 보이고 있으며 최대 내력에 도달되며 피복 콘크리트가 박리되는 심각한 피해 양상을 보였다. 반면 동일한 조건에서 PVA 1% 및 2%로 보강된 HPFRCC를 사용한 기둥은 최대 강도에 도달된 이후에도 피복 콘크리트의 급격한 탈락이 나타나지 않으며 표준 실험체에 비해 안정된 압축거동 특성을 보였다. 또한 섬유 혼입량이 증가됨에 따라 최대 강도 이후에 보다 안정된 거동을 보이고 있다고 보고되었다.

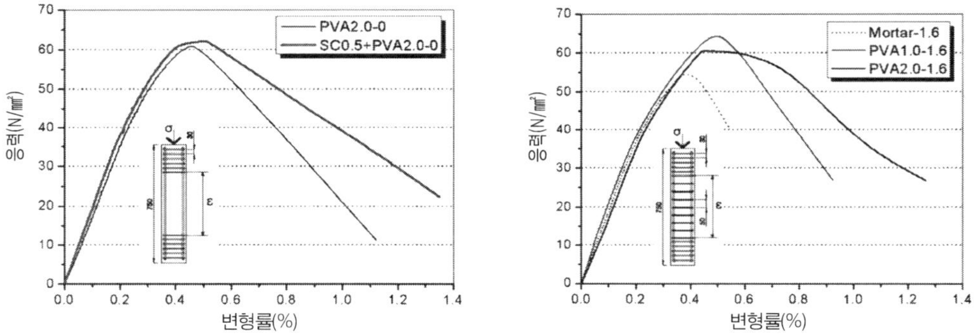

(a) 후프가 보강되지 않은 R/HPFRCC 기둥 (b) 후프가 보강된 않은 R/HPFRCC 기둥

그림 3.17 **중심축력을 받는 기둥의 거동 특성**[43]

조창근[44]은 단면 300mm×300mm, 순 높이 1,540mm인 철근콘크리트 기둥의 소성힌지 구간 2D(D : 기둥폭)을 1.5%의 PVA섬유로 보강된 HPFRCC로 타설하고, 나머지 부분은 보통 콘크리트 타설된 기둥과 전 구간에서 보통 콘크리트가 타설된 기둥 등을 대상으로 반복재하 실험을 실시하였다. 그림 3.18(a) 및 (b)는 표준 실험체 및 소성힌지부에 HPFRCC를 타설한 실험체의 이력 특성을 비교하여 나타낸 것이다. 전단경간비 5인 철근콘크리트 기둥에서 소성힌지부를 변형 경화 특성이 있는 시멘트 복합재료로 취성적

인 특성을 보이는 콘크리트를 대체할 시에 횡보강근 상세를 강화한 기둥과 같이 소성 힌지부의 피해를 억제하여 기둥의 연성 증진에 크게 기여한다고 보고하고 있다.

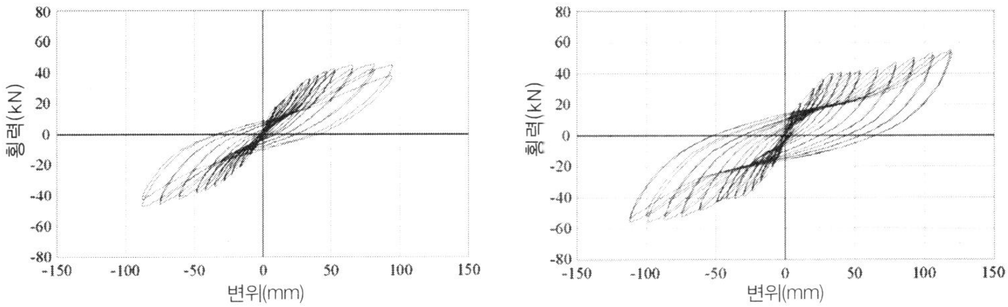

(a) 철근콘크리트 기둥 (b) 철근 HPFRCC 기둥

그림 3.18 **반복하중을 받는 기둥의 거동 특성**[44)]

3.2.10 HPFRCC를 활용한 접합부

최근 시공성 개선을 위한 복합구조에 대해 관심이 고조되고 있다. 최창식[45)]은 프리캐스트 구조에서 접합부의 강성 및 강도 증진을 위한 보강 상세를 개발하기 위하여 접합부 충전재로 HPFRCC를 적용하고자 시도하였다. 그림 3.19(a) 및 (b)는 기존 철근콘크리트 보-기둥 접합부 및 HPFRCC를 적용한 복합구조 접합부의 상세, 파괴 양상 및 이력 특성을 비교하여 나타낸 것이다. 항복 시까지의 강성은 일체성이 확보된 기

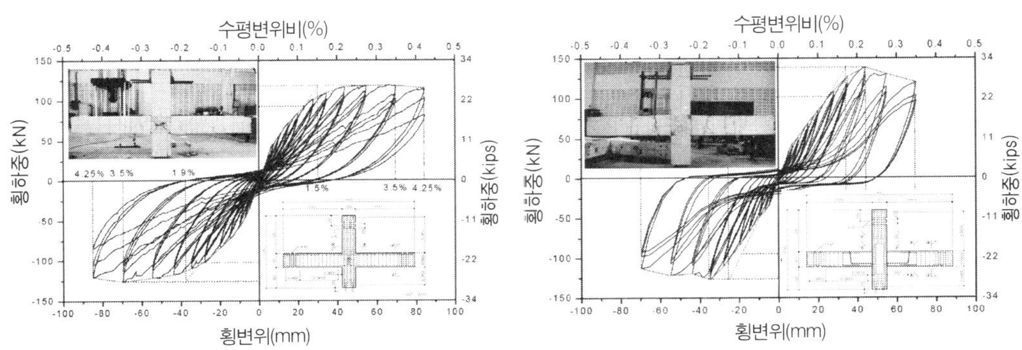

(a) 철근콘크리트 접합부 (b) HPFRCC를 활용한 접합부

그림 3.19 **보-기둥 접합부의 거동 특성**[45)]

존 철근콘크리트 보-기둥 접합부가 높게 나타났으나 최대 내력은 HPFRCC를 적용한 복합구조 접합부에서 약 15% 높게 나타났으며 에너지 소산능력도 다소 개선되는 것으로 보고되었다. 이는 접합부에 타설된 HPFRCC의 역학적 특성에 따른 것으로 평가되고 있다.

하기주[46]는 플랫 플레이트 구조에서 높은 전단응력이 집중되는 슬래브-기둥 접합부에 HPFRCC의 적용성을 평가하였다. 그림 3.20(a) 및 (b)는 기존 철근콘크리트 슬래브-기둥 접합부 및 HPFRCC를 적용한 접합부의 상세, 파괴 양상 및 이력 특성을 비교하여 나타낸 것이다. HPFRCC를 적용한 슬래브-기둥 접합부는 기존 슬래브-기둥 접합부에 비하여 최종파괴 시까지 폭넓게 균열이 확산되는 특성을 보이고 있으며, 이러한 이유로 높은 강도와 변형능력을 보이고 있다.

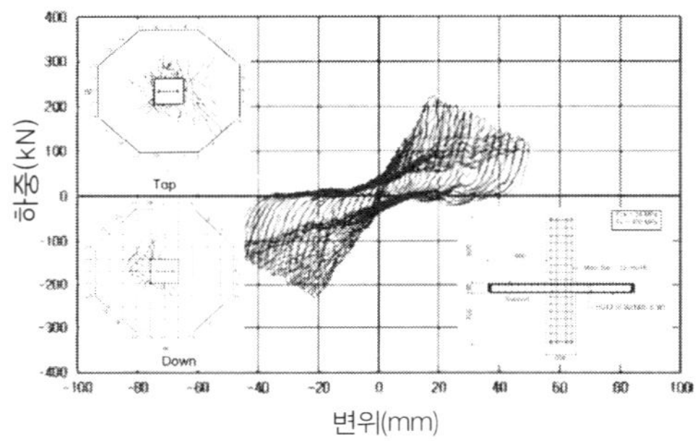

(a) 철근콘크리트 슬래브-기둥 접합부

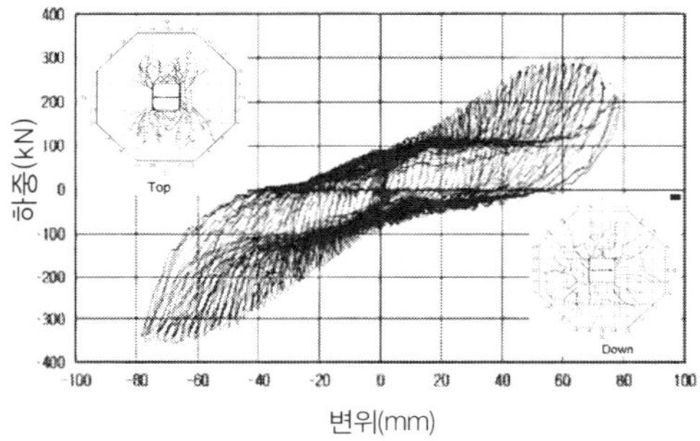

(b) HPFRCC 슬래브-철근콘크리트 기둥 접합부

그림 3.20 **슬래브-기둥 접합부의 거동 특성[46]**

박완신[47]은 병렬 전단벽(coupled shear walls)의 내진성능을 개선하기 위하여 기존 철근콘크리트 연결보를 철골보로 대체 시 철골보가 철근콘크리트 전단벽에 매립되며 접합면에서 높은 지압 및 인장응력이 유발되는 부위에 2% PVA섬유를 보강하여 제조한 HPFRCC의 적용 가능성을 평가하였다. 그림 3.21(a) 및 (b)는 철골보-콘크리트 벽체 및 철골보 HPFRCC 벽체 접합부의 파괴 양상 및 이력 특성을 비교하여 나타낸 것이다. HPFRCC는 재료 수준에서 인장 및 압축응력하에서 높은 손상제어능력을 보이고 있으므로 철골보-벽체 접합부와 같이 국부적으로 높은 지압 및 인장응력이 작용되는 부위에서도 유효하게 거동을 하는 것으로 나타났다. 이러한 HPFRCC의 손상제어능력은 최종파괴 시점까지 보통 철근콘크리트 벽체에 비하여 큰 균열 및 압괴파괴 양상을 보이지 않았으며, 이러한 이유로 높은 접합부 강도 및 변형능력을 보이고 있는 것으로 보고되었다.

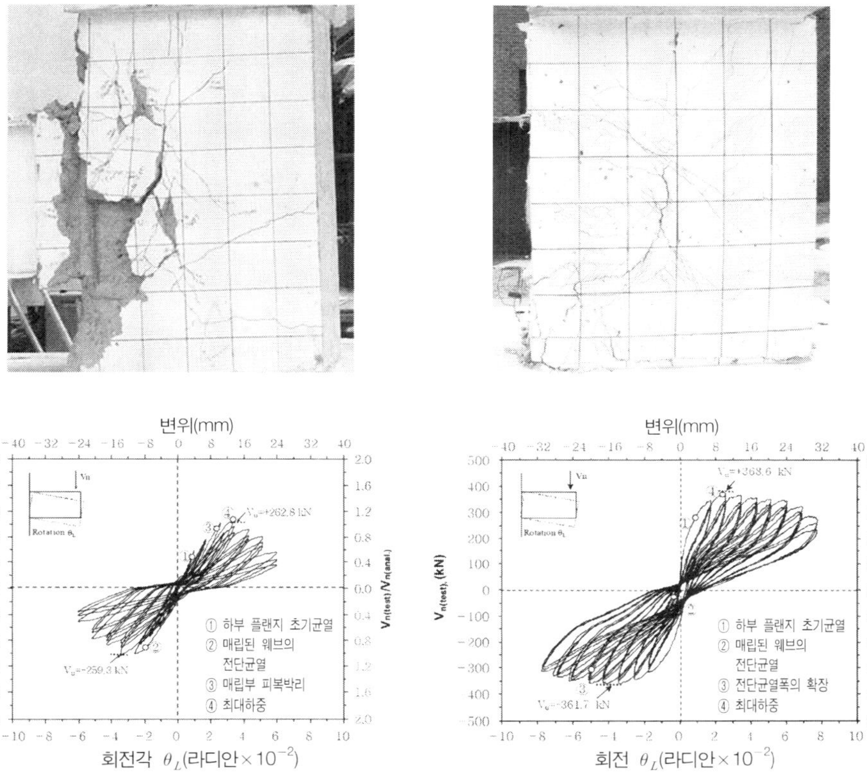

(a) 철골보-콘크리트 벽체 접합부

(b) HPFRCC 철골보-벽체 접합부

그림 3.21 **철골보-벽체 접합부의 거동 특성**[47)]

3.3 일본에서 HPFRCC의 구조 부재 적용 연구성과

이 절에서는 기둥, 보, 벽체, 제진 부재 등의 고응력이 작용하는 건축 부재를 대상으로 고인성 시멘트 복합재료의 적용 아이디어를 사회의 요구 등과 관련해서 설명하며, 평가하는 방법은 부재의 휨강도, 전단강도 및 변형능력의 연구성과를 정리하였다.

3.3.1 보 부재 적용 연구성과[48)]

보 부재를 대상으로 한 연구는 비교적 오래전부터 진행되어 왔지만, 대부분이 균열폭의 제어와 휨강도의 증대를 목적으로 하고 있다. 이와 같은 부재에 대해서 마스자키 · 후쿠야마(松崎 · 福山) 등은 철근콘크리트 보 부재의 취성적 파괴인 전단파괴 및 부착할렬파괴를 방지하기 위하여 실험연구를 행하였다. 시험체의 형상은 그림 3.22에 나타냈다. 이 실험연구에서는 일반 RC보로서 설계한 경우에 전단파괴(shear failure) 혹은 부착할렬파괴(bond split failure)되는 시험체(No.1시험체, No. 5시험체)에 대해, PVA섬유를 모르타르에 $V_f = 1.5\%$ 투입한 HPFRCC로 콘크리트를 치환한 경우(No. 2 시험체, No. 6 시험체)의 구조성능이 어떻게 변화하는지를 직접 비교하였다. 실험 결과의 비교를 그림 3.23에 나타냈으며, 최종파괴 상황은 그림 3.24와 같다.

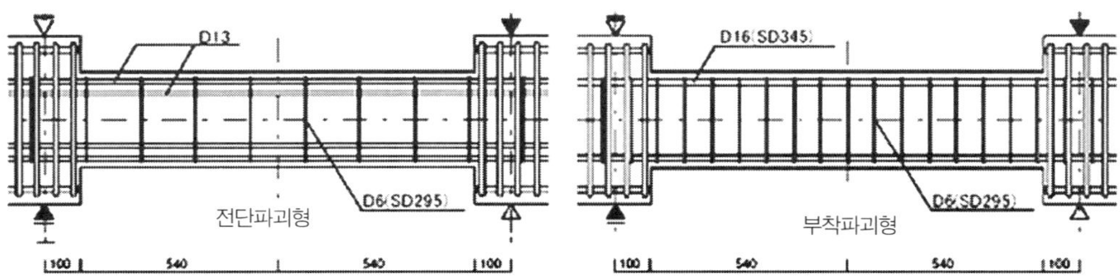

그림 3.22 **시험체 형상의 배근 상세**[48)]

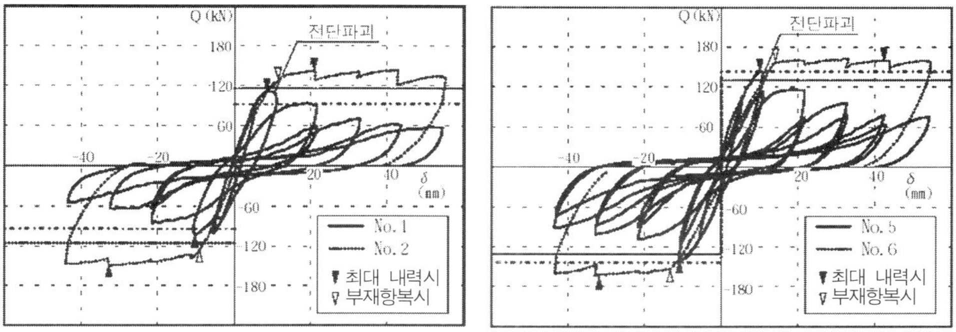

그림 3.23 **RC보 및 HPFRCC보의 전단력-변위 관계 비교**[48)]

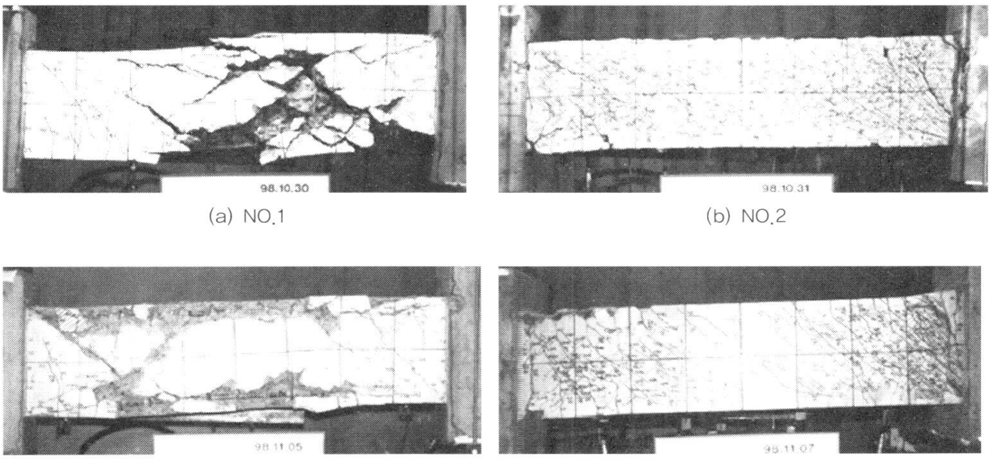

(a) NO.1

(b) NO.2

(c) NO.5

(d) NO.6

그림 3.24 **최종 파괴 상황 비교**[48)]

그림에서 HPFRCC의 취성파괴에 대한 효과가 명확히 나타났음을 알 수 있다. 또한 RC보에 있어서 전단파괴 혹은 부착쪼갬 파괴한 시험체와 동일한 배근의 실험체가 콘크리트를 HPFRCC로 치환함으로써 파괴모드가 연성인 휨항복으로 바뀌었다. 이 실험에서 전단보강근을 전혀 사용하지 않은 HPFRCC 보의 휨전단 실험을 실시한 결과, 전단파괴 이전에 휨항복하는 거동을 보였다. 마스자키 · 후쿠야마 등[49)]은 일련의 실험에서 HPFRCC를 사용함으로써 SD295급의 전단보강근 및 압축강도 40MPa급의 콘크리트를 사용한 RC보로 환산할 경우, 전단보강근비 $P_w=0.4\%$ 정도의 전단보강효과가 있다고 보고하였다.

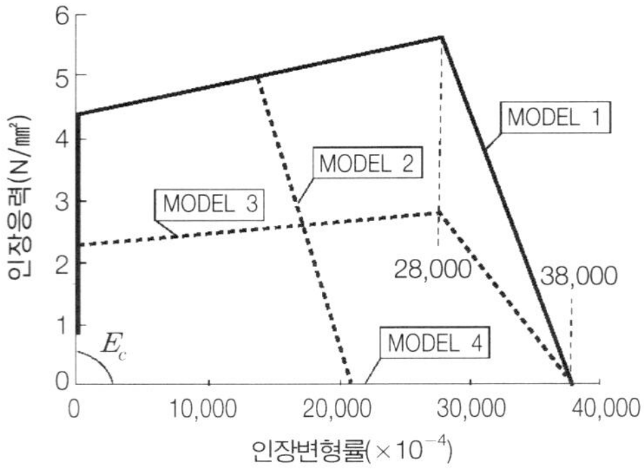

그림 3.25 **HPFRCC의 인장 특성 모델**

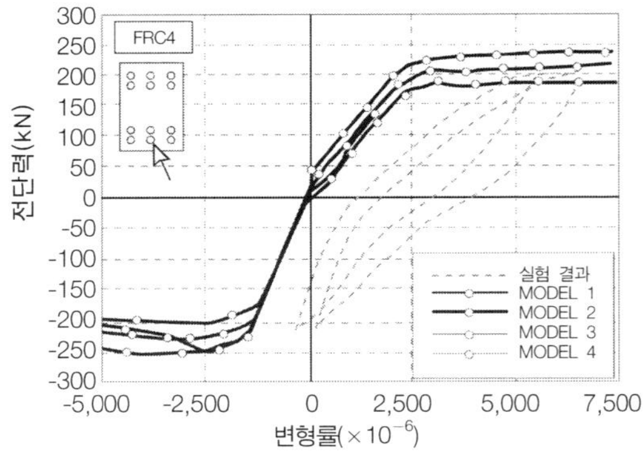

그림 3.26 **실험 및 해석의 비교**

나가이 칸다(永井神田) 등은 HPFRCC를 보부재에 적용한 경우의 구조성능 중 특히 휨항복 후에 전단파괴하는 경우의 강도, 변형능력에 대해 휨전단 실험을 실시하였다. 여기서는 PVA섬유를 $V_f = 0.2\%$ 투입한 모르타르를 상정하여 P_w를 인자로 한 실험을 행하여 전단내력, 휨내력의 평가에 대해 약간의 수정을 행하여 검토하였다. 휨성능에 대한 검토에서는 그림 3.25에 나타낸 바와 같이, HPFRCC의 인장성능을 고려한 파이버 모델에 의한 단면 해석을 수행하여, 전단력-주근의 변형도 관계를 실험과 해석을 통하여 비교하였다. 해석에 있어서, HPFRCC의 인장특성 모델은 ① 단벨형 모시험편에 의한 인장 실험 결과를 치환모델로 한 경우(Model 1), ② 모델 1에 대해서 종국인장변형도를 1/2로 한 경우(Model 2), ③ 모델 1에 대해 응력도를 1/2로 한 모델(Model 3), ④ 인장응력도를 무시한 모델(Model 4) 네 가지의 경우에 대하여 검토하였다. 그 결과 그림 3.26, 단벨형 시험편에 의한 재료 실험 결과의 응력도를 1/2로 한 Model 3이 가장 타당하였으며, 단벨형 시험편에 의한 HPFRCC의 인장 특성 평가는 앞으로도 검토할 필요가 있다.

휨 종국강도에 대해서는 휨해석에 ACI의 등가 응력블록 모델을 이용하여 평가하였다. 여기서도 HPFRCC의 인장 특성을 고려하여 그림 3.27에 나타낸 바와 같이 인장항복응력도가 인장측에도 일정하게 분포하고 있다고 가정하였다. 또한 응력블록에 의한 경우도 HPFRCC의 인장항복응력도에 있어서 재료

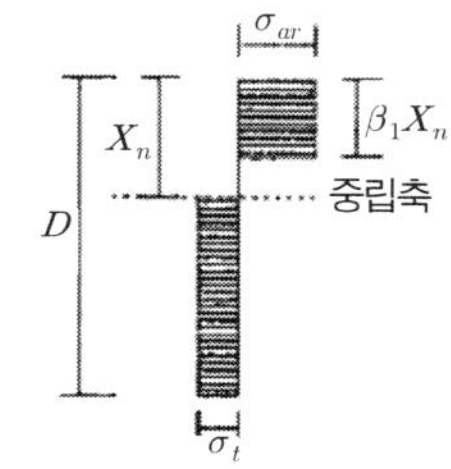

그림 3.27 **가정한 등가 응력블록 모델**

실험 결과를 사용한 결과, 휨 해석을 위한 응력블록법은 단벨형 시험편을 이용한 재료 실험 결과에 대하여 응력도를 1/2로 한 경우가 실험 결과와 흡사한 결과를 얻었다.

전단종국강도에 대해서는 철근콘크리트조 건물의 종국강도형 내진설계지침 · 동해설의 종국전단내력식의 전단보강효과(P_w, σ_{wy})에 직접 HPFRCC의 인장항복응력을 가산한 식에 의해 평가하였다. 이 검토 결과에서도 σ_t의 값으로 재료 실험 결과의 1/2 값을 사용할 경우 실험 결과와 유사한 값을 얻었다. 이러한 검토 결과 향후 HPFRCC의 일축 및 다축응력하의 역학적 특성을 보다 정확하게 파악해야 할 필요가 있을 것으로 판단되었다.

$$V_{su} = bj_t(p_w\sigma_{wy} + \sigma_t)\cot\phi + \tan\phi(1-\beta)bD\nu\sigma_B/2 \qquad (3.1)$$

여기서, $\beta = (1+\cot^2\phi)(p_w\sigma_{wy}+\sigma_t)/\nu\sigma_B$

$\tan\theta = \sqrt{(L/D)^2+1} - L/D$

σ_t : 고인성 복합재료의 인장항복 응력도

b, D : 부재폭, 깊이(유효깊이)

j_t : 응력중심간 거리

p_w : 전단보강근비

σ_{wy} : 전단보강근 항복강도

이와 같은 일련의 연구 중에서 유한요소법(FEM)을 이용한 반복가력 실험의 시뮬레이션 해석을 실시하고 있으며, 전단파괴된 실험체 이외에 대해서는 해석을 통해서도 그 성상을 파악하고 있는 것으로 보고되고 있다. 단, HPFRCC에 대한 기초데이터가 부족하여 많은 가정하에 해석을 하였기 때문에 앞으로 검증되어야 할 필요가 있다. 또한 보 부재의 구조성능을 향상시키기 위한 연구에서는 칸다 등에 의한 단스팬보를 대상으로 한 연구 등이 진행되었으며, 전단경간비가 1보다 작은 부재의 경우에도 HPFRCC를 사용함으로써 전단인장파괴가 지배적인 부재에 유효하다는 것이 검증되고 있다.

3.3.2 기둥 부재에 적용[50)]

기둥 부재에는 축력이 작용하고 있으며, 지진이 발생할 때에는 전단력이 주로 작용하게 된다. 또한 지진 등에 의해 기둥이 손상을 입은 경우에도 축력을 지지할 필요가

있는 구조 부재 중 가장 중요한 부재이다. 이러한 기둥 부재는 충분한 축압축내력 뿐만 아니라 충분한 인성 확보를 통하여 구조물이 큰 지진이 발생할 때보다 안전성을 확보해야 할 필요성이 있으며, 이러한 의미에서 HPFRCC의 적용에 의한 효과가 기대된다고 할 수 있다. 기둥 부재에 대한 HPFRCC의 적용에 관한 연구는 마츠자키·후쿠야마 등이 실시하였다. $\sigma_B = 27\,\mathrm{MPa}$ 정도의 보통 콘크리트를 사용한 경우, PVA섬유를 $V_f = 1.5\,\%$를 투입한 모르타르를 이용한 경우(이하 HPFRCC 기둥으로 칭한다)와 직접 비교하였다. 실험 결과 예를 그림 3.28에 나타냈다.

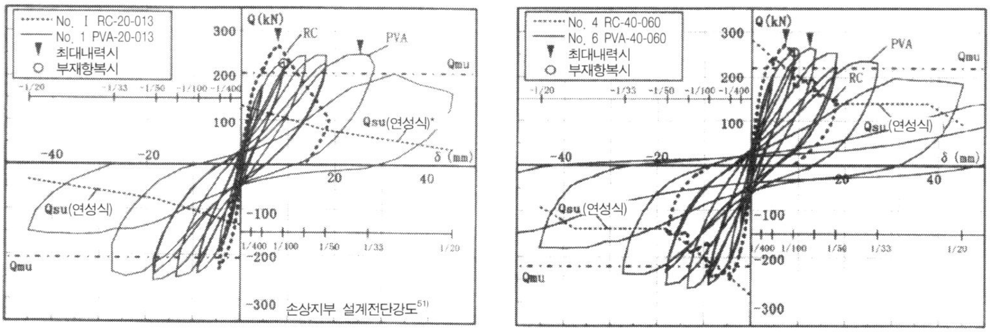

(a) 축력비 = 0.2, p_w = 0.13 %　　(b) 축력비 = 0.6, p_w = 0.6 %

그림 3.28 **RC 기둥 및 HPFRCC 기둥의 전단력-변위 관계 비교**

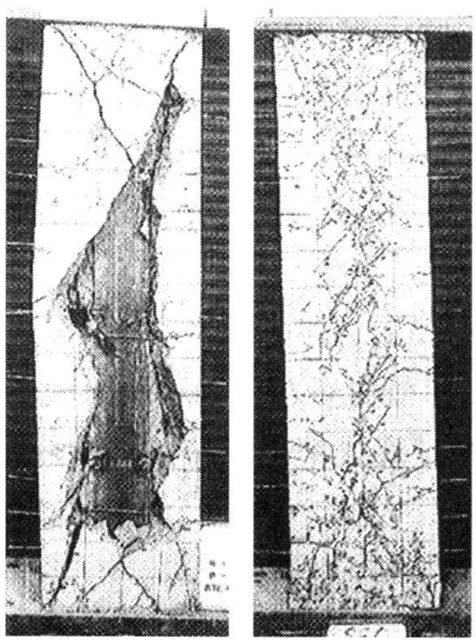

(a) 콘크리트　　(b) HPFRCC

그림 3.29 **SRC 기둥의 최종 파괴 상황 비교**

그림 29(a)는 축력비 0.2에 $P_w = 0.13\,\%$의 시험체 RC 및 HPFRCC와 비교한 것으로 RC 기둥은 최대 내력 직후에 전단파괴로 급격히 내력이 저하하여 취성적인 파괴를 보였지만, HPFRCC 기둥은 휨항복 후에 1/33 Rad.까지 내력저하 없이 안정된 이력거동을 보였다. 또한 고축력인 축력비 0.4의 경우(그림 29(b)), RC 기둥은 압축측 주근이 주근항복 후 피복 콘크리트가 박리되어 주근좌굴로 연성이 부족하였다. 한편, HPFRCC 기둥은 HPFRCC의 탈락, 주근의 좌굴은 일어나지 않았으며 인장철근의 항복에 의한 부재항복 후 HPFRCC의 압괴에 의해 완만하게 내력이 저하되었다. 이와 같은 결과에서 HPFRCC의 뛰어난 재료 특성은 보 부재와 같이 전단보강으로서 유효하며, 주근의 좌굴을 방지하는 등 시멘트 매트릭스의 구속에도 유효하다는 것을 실험에 의해 확인하였다. 기둥 부재를 대상으로 한 연구는 그 이외에도 마에다 구라모토(前田倉本) 등에 의해 철골철근 콘크리트(SRC) 기둥에의 적용을 대상으로 한 실험연구가 실시되었다. 이 연구는 철골철근 콘크리트 구조의 철근을 생략한 시공의 합리화를 시도하였다. 이와 같은 연구에서도 그림 3.30에서 보는 바와 같이 HPFRCC의 구속효과에 의해 손상을 대폭적으로 저감할 수 있다고 보고하고 있다.

3.3.3 내진벽 부재에 적용

벽 부재를 대상으로 한 연구의 예로서 후쿠야마 등[49)]의 내진벽에 적용한 경우의 구조성능을 검토한 연구가 있다. 내진벽에의 적용을 목적으로 한 가력 실험의 시험체 일람을 표 3.1에 나타냈다. 여기서는 보통의 RC 내력벽(No.1), No.1에 대해 콘크리트를 대신하여 PVA를 $V_f = 4.0\%$ 투입한 모르타르로 한 시험체(No.2), No.2에서 벽의 종횡근을 배근하지 않은 시험체(No.3)에 대해서 직접 구조성능을 비교하였다. No.1과 No.2의 수평력-변형각 관계를 그림 3.30에, 최종 균열도를 그림 3.31에 나타냈다. 그림에서 나타낸 바와 같이 콘크리트를 대신하여 HPFRCC를 이용한 경우 균열의 분산 및 취파괴 방지효과가 우수하다.

내진벽과 같이 얇은 벽체에서 연성을 향상시키는 방법으로, 철근보강은 매우 어렵기 때문에 HPFRCC에 의한 보강은 매우 효과적일 것으로 판단된다. 또한 FEM을 사용하여 재료의 특성 변화가 어느 정도 구조성능에 영향을 미치는지 해석한 결과, 내진벽과 같은 부재의 경우는 재료의 인장 특성을 향상시키기보다는 압축연성을 향상시키는 것이 효과적이라는 것을 알 수 있었다.

표 3.1 **시험체 일람**

			No.1	No.2	No.3
기둥	단면(mm)		B × D=240 × 240		
	주근	종류	SD345		
		배근	12-D13		
		Pg(%)	2.65		
	띠근	종류	SD295		
		배근	2-D6@50		
		Pw(%)	0.53		
벽체	단면(mm)		60 × 1,760		
	종횡근	종류	SD295		없음
		배근	D6@200		
		Ps(%)	0.27		
	콘크리트 또는 모르타르		σ_B=30MPa 콘크리트	σ_B=30MPa 정도 PVA섬유 15mm, 4% 혼입 모르타르	
벽 이외의 콘크리트 강도			σ_B=30MPa		
축력			1/6BDσ_B		

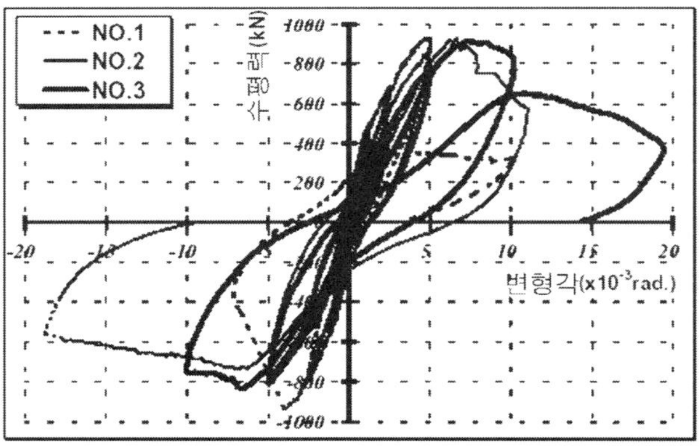

그림 3.30 **수평력-변형각 관계 비교**

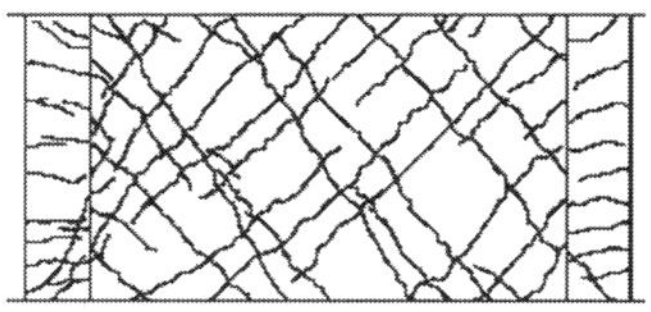

(a) NO.1

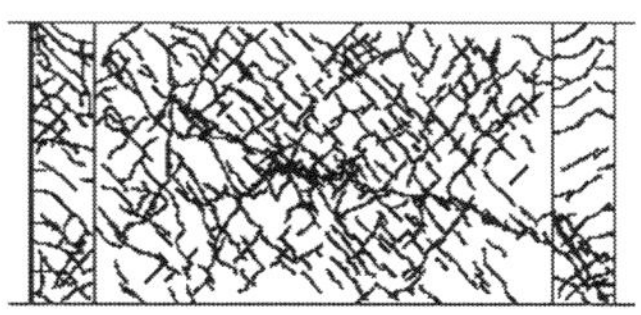

(b) NO.2

그림 3.31 **최종 균열도**

3.4 손상제어를 목적으로 한 HPFRCC의 적용 연구성과

HPFRCC의 구조물에의 이용 방법은 내력과 변형성능과 같은 부재의 종국 상태를 개선함으로써 안전성에 관한 구조성능의 향상을 도모하는 방법과 인장에 취성적인 시멘트계 부재의 약점을 보완 혹은 개선하여 손상의 저감, 수복성의 향상을 목적으로 하는 적용 방법이 있다. 후자에 대해서는 구조성능을 구조 부재 혹은 비구조 부재에 적용함으로써 부재 자체의 손상을 저감하는 방법과 제진 부재(에너지 흡수 요소)에 적용하는 방법으로 구조물 전체의 응답변위를 저감시켜 각 구성요소의 손상을 저감시키는 방법이 있다.

3.4.1 손상제어의 필요성

건축물의 장수명화는 에너지 절약 혹은 산업폐기물의 저감 등에 의한 지구환경문제의 관점에서도 해결해야 할 문제이다. 건축물의 장수명화를 실현하기 위해서는 내구성의 근본적인 개선이 불가피하며, 대지진에 대해서도 손상, 성능저하를 적절히 억제, 방지해서 지진 후에도 용이하게 보수가 가능하며, 건물을 장기간 유지, 사용 가능하도록 기술을 개발해야 한다.

3.4.2 손상 저감을 위한 구조 부재 및 비구조 부재 적용 연구성과[52)]

여기서는 부재에 적용함에 따른 균열분산과 균열폭의 저감에 대해서 소개하고자 한다. 그림 3.32는 보, 기둥에 역대칭 모멘트 형식의 정부 반복재하 실험에서 관찰한, 최대 전단균열 폭과 부재변형각의 관계를 나타내고 있다. 또한 RC 보와 HPFRCC 보 및 RC 기둥과 HPFRCC 기둥에서 사용된 시멘트계 재료만 다르고 나머지 조건은 같다.

RC 보와 HPFRCC 보의 변형각 5%일 때 균열 상황을 그림 3.33에 나타냈다. 전단균열폭은 RC 정도의 변형각에서 1%rad. 정도의 변형각에서 급격히 증가해 1mm보다 커졌지만, HPFRCC 실험체에서는 2%rad.의 변형각까지 균열이 0.2~0.3mm 정도였다.

더욱이 그 이후에도 일부의 전단균열이 커졌지만, 대부분의 전단균열은 5 % rad.까지 0.2 mm 이하였다. 이 정도의 균열은 일반 RC구조에 있어서 내구성과 사용성의 관점에서 허용되는 균열폭의 한계값으로 생각된다. 이상의 결과는 대지진 후에도 구조물의 사용성과 내구성을 확보할 수 있을 것으로 생각되며, 보수가 필요 없을 가능성도 있다.

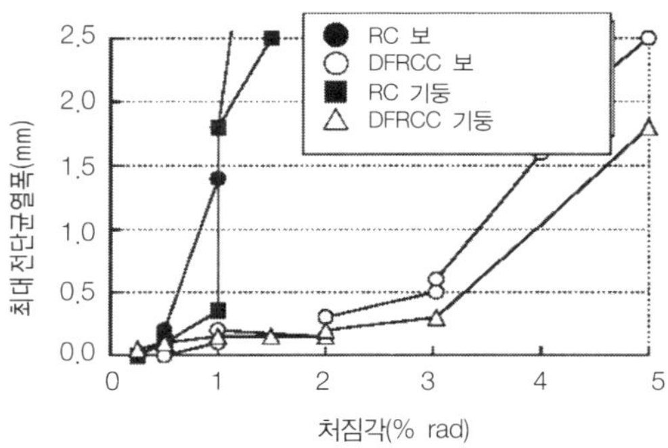

그림 3.32 **보 및 기둥의 휨 전단 가력 실험 최대 전단균열폭 추이**

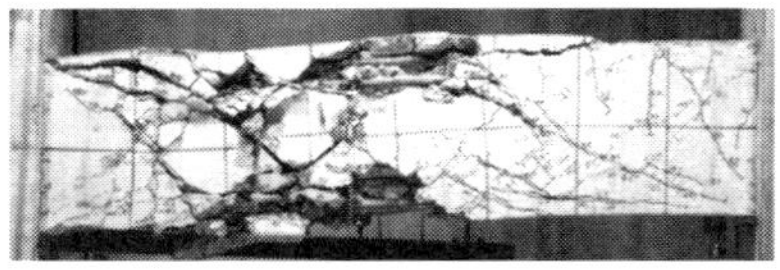

(a) RC 보

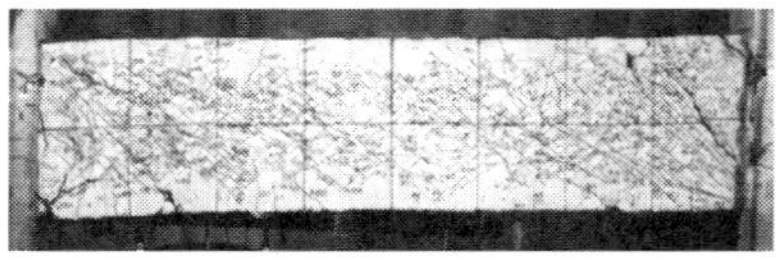

(b) HPFRCC 보

그림 3.33 **RC 보 및 HPFRCC 보의 변형각 5%일 때 균열 상황**

3.4.3 손상제어를 위한 제진 부재

구조물 전체의 응답변위를 저감시켜서 각 건물 구성 부재의 손상을 저감시키기 위한 응답제어요소로서 그림 3.34에 나타낸 단스팬의 기둥 부재를 상정하고 있으며, 높

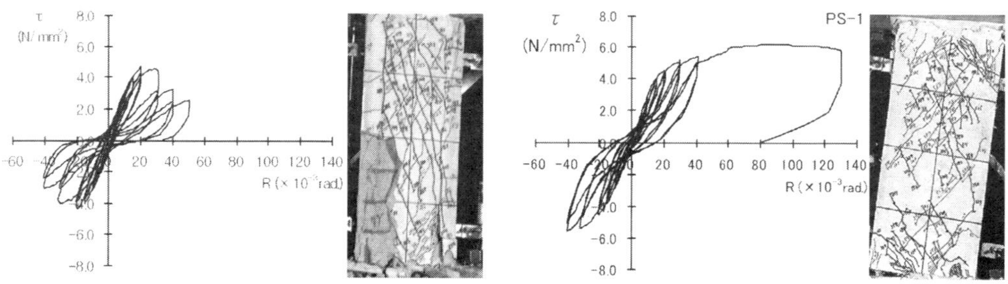

(a) 모르타르의 경우(손상이 크고 변형능력이 적음) (b) HPFRCC의 경우(12 % 라디안까지 내력저하가 없음)

그림 3.34 **HPFRCC의 응답제어요소의 수평가력 실험 결과**

은 강성과 강도, 그리고 변형능력을 갖춘 구조요소이며, 작은 변형으로 높은 응력을 부담하는 효율적인 응답제어를 할 수가 있기 때문에 강구조 이외에 비교적 강성이 큰 콘크리트계 구조물의 응답제어에 적합하다.

더욱이 요소의 강성과 내력은 그 형상과 배근, 그리고 HPFRCC의 종류에 따라 용이하게 바꿀 수 있으며 자유로운 성형성을 가지고 있는 시멘트 재료이기 때문에 특성과 형태가 각각의 구조물에 가장 적합한 응답제어요소를 얻을 수 있다. 그림 3.35에서는 스터브(stub)를 설치하여 단스팬의 응답제어요소로 인해 비교적 적은 요소에서 커다란 강성과 강도(수평저항력)를 얻을 수 있다. 또한 스터브의 역할은 응답제어요소의 스팬 조절뿐만 아니라 주근의 정착과 요소를 가구에 정착시키는 것이다.

이와 같은 응답제어요소의 구조성능을 정적가력 실험을 통해 조사한 결과, 그림 3.34(a)에 나타낸 바와 같이 종래의 모르타르와 콘크리트는 손상이 크고, 최종적으로 커다란 전단과 압축력으로 파괴되어 충분한 변형능력을 얻지 못했지만, HPFRCC를 이용함으로써 12%rad 이상의 커다란 변형능력과 손상의 저감효과를 확인할 수 있었다. 또한 구조설계상 무시하고 있는 부위에 적용함으로써 평면계획에 영향을 미치지 않으면서 성능을 향상시킬 수 있으며, 저항복점 강, 마찰, 점탄성체, 점성유체 등을 이용한 기존의 제진댐퍼에 비해서 저렴하다. 또한 HPFRCC의 응답제어요소의 에너지 흡수는 주로 철근에 의한 효과에 기대하고 있으며, HPFRCC 재료의 에너지 흡수에는 그다지 기대하고 있지 않다. HPFRCC의 역할은 응답제어요소의 대변형까지 에너지 흡수능

(a) 가구 기둥 주위에 적용　(b) 가구 중앙에 집중적인 적용　(c) 필로티에 적용

그림 3.35 **응답제어요소의 이미지**

력과 높은 응력부담능력을 효과적으로 발휘할 수 있도록 철근과 매트릭스의 부착성을 최대한 확보하는 것이다. 구체적으로 말하면 철근항복 후에 전단파괴, 부착할렬파괴, 정착파괴 등의 취성적인 파괴를 방지하는 것이다. 또한 응답제어요소는 단부의 휨변형에 의해 그림 3.34(b)와 같이 회전변형이 발생하여 그에 따른 수직변위가 가구에 의해 구속되기 때문에 응답제어요소에는 압축력이 크게 발생한다. 따라서 HPFRCC에는 취성적인 압축파괴를 방지하는 역할도 기대된다.

3.4.4 기존 필로티 건축물의 손상제어

그림 3.36은 필로티 건축물의 대표적인 피해 예를 나타내고 있다. 그림 3.36(a)는 과거 지진피해에서 나타난 기둥의 전단파괴를 수반한 1층의 붕괴를 보여주고 있다. 이런 파괴는 현행기준법에 의해 설계된 필로티 건축물에서는 거의 방지되었지만, 고베지진에서 필로티 건물에 있어서 새로운 형태의 피해가 발생하였다. 그 피해는 1층의 수평전단력이 부족하여 1층의 수평변형이 집중하여 발생하는 층 붕괴(그림 3.36(b))와 전도 모멘트에 의한 커다란 변동축력이 작용함으로써 생긴 1층의 기둥파괴(그림 3.36(c))가 있다. 그림 3.36(c)에 있어서 기둥의 좌굴은 인장응력하에서 주근이 항복한 후의 큰 압축응력에 의한 것으로 판단된다. 반대로, 주근의 좌굴 후에 다시 커다란 인장응력이 기둥에 작용한 경우에는 주근의 파단이 발생할 가능성이 있다. 이와 같이, 필로티 건축물의 안전성을 고려하여 기둥의 전단파괴뿐만 아니라 1층의 응답변위를 작게 함으로써 기둥에 발생하는 축력을 가능한 한 작게 하는 것이 중요하다고 할 수 있다.

필로티 건축물에 있어서 필로티 층의 응답을 저감시키기 위한 방법으로는, 필로티 층에 내진벽을 설치하여 1층에서부터 연속하는 연속 내진벽을 통해 이 부분에 많은 수평력을 부담시키는 것이 일반적이다. 그러나 필로티 구조는 하층에 넓은 공간을 만들어서 주차장 및 점포로 이용하는 구조로 공간을 계획하였기 때문에 내진벽을 설치할 경우 필로티 공간의 기능을 제한하게 된다. 건축물의 기능적 관점으로부터 내진벽을 설치하는 것이 허용될 경우, 그와 같은 응답제어 방법은 구조적으로 신뢰할 수 있는 방법으로 생각되지만, 필로티 층의 넓은 공간의 확보가 요구된 경우에는 내력벽뿐만 아니라 공간을 막는 가새나 제진장치 등을 이용할 수 없다.

(a) 기둥의 전단파괴에 의한 붕괴 (b) 1층에 과도한 변형집중에 의한 층 붕괴 (c) 전도모멘트에 의해 큰 변동 축력이 기둥에 작용함으로 인한 붕괴

그림 3.36 **필로티 건축물 붕괴 형식 분류**

필로티 건축물은 손상이 필로티 층에 집중하기 쉽지만, 그 필로티 층의 응답이나 손상을 적절하게 제어한다면 건축물 전체의 손상을 용이하게 실현할 수 있으며, 손상제어가 용이한 방법이라 할 수 있다. 제어한 결과, 손상이 상부구조로 옮겨간다면 이 또한 피해야 하기 때문에 단순하게 필로티 층을 강하게 하면 좋다는 것은 아니다. 여기서는 필로티 건축물의 응답변위를 저감시켜 건물 전체의 손상을 저감할 수 있는 응답제어요소로서, 그림 3.35(c)에 나타낸 부가기둥을 제안한다. 이 부가기둥의 특징은 비교적 적은 요소로 필로티 층의 강성과 강도를 대폭으로 증가시킬 수 있으며 축력을 부담할 수 있다. 더욱이 상층이 내진벽이기 때문에 보-기둥 강접합 가구의 경우에는 보의 조기항복을 막을 수 있는 특별한 보강을 하지 않아도 응답제어 변위에 유효하게 사용할 수 있다. 즉, 부가 기둥은 그림 3.36(b) 및 (c)에 나타낸 필로티 건축물의 붕괴 요인의 두 가지 경우에 대해 효과가 있다고 생각된다.

3.5 토목 재료로서 HPFRCC의 적용 연구성과

토목 재료로서 HPFRCC는 인장력 상태에서 발생하는 균열이 복수의 미세 균열이라는 점과 고인성 특성을 나타낸다는 관점에서 방식재, 지수재, 강재 피복재, 에너지 흡수재, 완충재 등에의 이용이 기대되고 있다. 다른 나라에 비해 일본에서는 실구조물에 HPFRCC의 시험 적용과 연구가 활발하다고 할 수 있다. 구체적인 적용 예로는 다음과 같은 것이 있다[53)54)].

(a) 수밀성을 향상시키기 위한 콘크리트 댐의 표면 보수(2003년 히로시마 현)
(b) 균열이 생긴 옹벽의 미관 향상을 기대한 표면 보수(2003년 기후 현)
(c) 인장력을 분담시켜 피로내구성의 향상을 기대한 교량 상판(2004년 홋카이도)
(d) 부식성 물질 침입억제를 기대한 철도 고가다리의 표면 피복(2005년 시즈오카 현)
(e) 보강 단면의 두께가 최소 증가하도록 한 터널의 재해 응급 공사(2005년 니가타 현)
(f) 지진 작용 시 에너지 흡수의 증가와 제진을 기대한 건축물용 댐퍼(2005년 도쿄도, 2006년 가나가와 현)
(g) 누수의 저감을 기대한 농업용수로의 표면 보수(2005년 시가 현 도야마 현, 2006년 와카야마 현)
(h) 가설 시의 변형억제성능을 기대한 교량 상판의 덧침 모르타르(2006년 효고 현)

교량 상판이나 건축물용 댐퍼는 HPFRCC의 역학적 성능을 이용한 것이며 표면 보수는 균열이 미세하게 분산하는 성능을 이용한 것이다. 현재로서는 HPFRCC의 이용형태를 다음과 같이 크게 나눌 수 있다.

(1) HPFRCC만의 부재(HPFRCC)

HPFRCC만을 부재에 적용하는 경우, 인성과 결함이 발생하기 어렵기 때문에 받침부와 같은 압축력을 받는 부재로서의 이용은 생각할 수 있지만 인장부재에는 적합하지 않다.

(2) 보강근을 배치한 HPFRCC 부재(R/HPFRCC)

보강용으로 철근을 배치했을 경우, HPFRCC는 균열영역을 분산시킴으로써 철근의 항복영역이 확산되어 에너지 흡수능력이 증가한다. 보강근으로서는 철근이나 확장 금속, PC강재 외에도 섬유메쉬나 연속 섬유보강재도 유효하다. 보강근에는 하중 분담의 기능 외에 HPFRCC의 균열을 한층 더 분산시키는 기능도 있다. 시험 시공 예는 연결 슬래브나 건축물용 댐퍼, 철근보강 HPFRCC 등이 있다.

(3) HPFRCC와 콘크리트를 합성시킨 부재(HPFRCC/C)

모체 콘크리트에 균열이 발생할 때, HPFRCC를 시공(보수)하는 경우에는 표면의 균열폭을 작게 해 지수성이나 미관을 향상시킬 수 있다. 이때, HPFRCC와 콘크리트와의 일체성을 확보해야 하기 때문에 콘크리트면에 앵커 등의 배치가 필요하다. HPFRCC부분에 보강근을 배치하는 것도 생각할 수 있으며(R/HPFRCC/C), 구체적인 예로는 수로나 옹벽 콘크리트면의 보수를 들 수 있다.

(4) HPFRCC와 강판(혹은 강관)을 합성시킨 부재(HPFRCC/S)

HPFRCC는 인장변형성능이 뛰어나 균열폭이 작으며, 또한 방식성이 뛰어나 강판의 피복재에 적절하다고 할 수 있다. HPFRCC를 강판에 피복하게 되면 부재의 강성과 내력향상을 기대할 수 있다. HPFRCC와 강판과의 일체성을 확보해야 하기 때문에 충분한 플레이트 지벨을 배치할 필요가 있다. 구체적으로는 교량 강상판과의 합성 예가 있다.

HPFRCC를 사용하는 경우 유의점으로는 다음과 같은 것이 있다.

(a) 시공 중에는 섬유보강의 연속성을 확실히 확보한다.

(b) 강판이나 강관 등과 같은 판 형태의 강재와 HPFRCC를 합성해 이용하는 경우에는 일체로 거동하도록 충분한 부착성능을 확보한다.

(c) 미세한 균열이 생기고 있는 것을 전제로 하고, HPFRCC를 이용한 부재나 구조물 전체의 성능을 확인한다.

(d) HPFRCC가 수중에 잠긴 상태로 큰 반복작용을 받으면 미세한 균열부에 침수한 물이 HPFRCC의 성능저하를 촉진하므로[55], 이러한 상태가 되지 않게 설계·시공에 대해 배려한다.

(e) 섬유가 인장력을 장기에 걸쳐 분담하므로, 사용하는 섬유의 내구성 및 피로나 인장 크리프에 관한 성능의 확인이 중요하다.

3.5.1 교량 상판에 적용[56)]

HPFRCC는 인장력을 부담할 수 있기 때문에 강판과 조합해 합성부재로 사용하면 통상의 합성 콘크리트 부재에 비해 얇은 단면 치수로 큰 휨내력을 얻을 수 있다.

2004년에 홋카이도에서 건설된 미하라 대교(교장 972m, 중앙지간 340m)에서는, 강상판 위 아스콘의 1/2(두께 40mm)을 HPFRCC로 대체함으로써 상판의 내력과 강성을 높여 발생응력을 저하시키고 강상판 보강부의 피로내구성을 향상시켰다(그림 3.37[57)]). 여기서는 시방서의 개정에 수반해 강상판 보강부의 피로내구성을 향상시킬 필요가 생겼기 때문에 HPFRCC가 이용되었다.

HPFRCC와 강상판과의 부착을 높이기 위해서 FRP제 플레이트 지벨이 채용되었다. HPFRCC는 레미콘 공장에서 1차 비빔을 한 후 일반적인 애지테이터 트럭으로 현장까지 운반한 후, 섬유의 분산을 확실히 하기 위해 현장에서 2차 비빔을 실시하였다. 1일에 약 30m^{3}의 HPFRCC가 타설되었으며 HPFRCC의 총량은 약 800m^{3}였다. HPFRCC를 레미콘 공장에서 제조해 대량으로 안정되게 공급할 수 있다는 점은 매우 획기적이다. 빗물의 배수를 하지 못하고 HPFRCC가 수중에 잠긴 상태로 큰 주행하중을 받는 곳은 조기에 변형이 발생하는 등 초기에 여러 문제점이 노출되었으나, 많은 연구를 통하여 이러한 문제를 해결하였다.

그림 3.37 **HPFRCC 합성교량 상판**[55)]

3.5.2 농업용수로의 표면 보수[58)]

농업용수로는 건설 후 수십 년이 경과하고 성능저하가 진행된 것이 많다. 수지계 라이닝 재료는 자외선 성능 저하가 발생하기 쉽고 시공 시 표면이 습윤이어서 박리가 생기기 쉬운 문제가 있기 때문에 시멘트계 라이닝 재료로서 HPFRCC가 기대되고 있다.

도야마 현의 농업용수로(측벽 약 1.1m, 석축 측벽 약 2.4m, 저판 약 2m)는 표면에 굵은골재가 노출되고 저판의 일부에 단면결손이 나타나 석축 측벽의 하부에서는 일부에 골재 사이의 모르타르가 손상되어 있었다. 성능저하 부분을 제거하기 위한 바탕처리에는 워터 제트 공법이 이용되었고 석축 측벽의 요철부는 모르타르로 사이 채우기를 했다. 2005년에 HPFRCC의 두께가 측벽이서 6mm, 저판에서 10mm로 설정하여 뿜칠에 의한 시공이 이루어졌다(그림 3.38). 능수로의 줄눈부나 접합부로부터의 누수는 많지만, 콘크리트 몸체가 비교적 견고한 농업용수로에 대해서는 기존의 공법에 비해 HPFRCC를 이용한 지수와 표면 보수가 뛰어난 비용 대비 효과로 인하여 큰 시장으로 성장하고 있다.

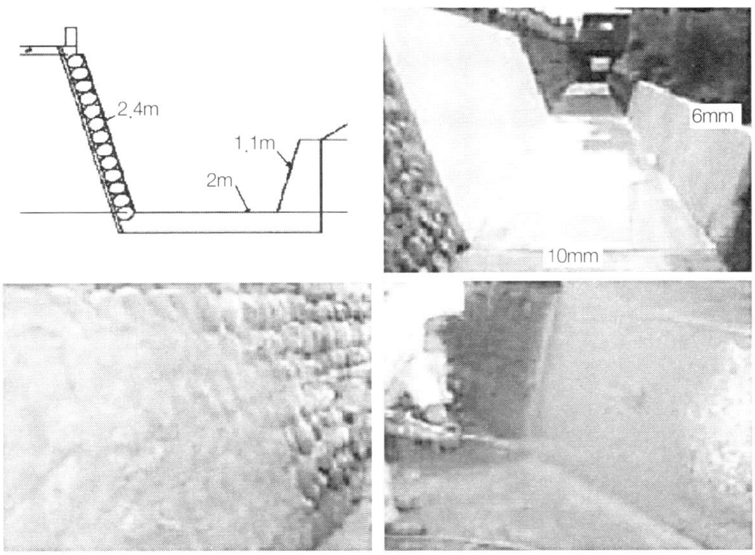

그림 3.38 **농업용수로의 표면 보수**

3.5.3 옹벽의 표면 보수

HPFRCC는 발생하는 균열의 폭이 작기 때문에 균열이 기 발생한 콘크리트 구조물의 표면 보수에 적절하게 이용될 수 있다. 기후 현에 있는 중력식 콘크리트 옹벽(폭 약 18m, 높이 약 5m)은 1970년경에 건설되어 알칼리 골재반응에 의한 균열이 발생하였기 때문에 1994년 균열에 수지 주입과 표면 피복이 행해졌다. 그러나 표면 피복에 재균열이 발생하여 2003년에 HPFRCC 뿜칠에 의한 표면 보수가 실시되었다.

3종류의 보수재(2종류의 ECC, 1종류의 보수 모르타르), 3종류의 보강근(용접 철근망, 확장 금속, 무보강), 2종류의 균열부 처리(부착이 없는 영역을 늘리기 위한 실이 있는 경우와 없는 경우)를 변수화하여 총 9구역을 나누어 시공을 실시하였다(그림 3.39). 뿜칠 전에 워터 제트에 의해 표면을 바탕처리하였고 옹벽의 하부 2m에는 보수재의 표면에 아크릴계 도료가 도포되었다. 코어 채취를 통해 확인한 콘크리트의 잔존 팽창량은 0.005~0.011로서 작았으며, 뿜칠 두께는 50~70mm였다. HPFRCC에 의한 보수 부분에는 시공 후 7개월까지 균열이 관찰되지 않았으며, 균열폭은 시공 후 10개월 0.05mm 이하, 시공 후 24개월 0.12mm 이하였다. 24개월의 균열 발생 상황을 그림 3.41에 나타냈다. HPFRCC로 시공한 부분은 미세한 균열이 망상으로 발생하고 있음을

그림 3.39 **옹벽의 표면 보수**

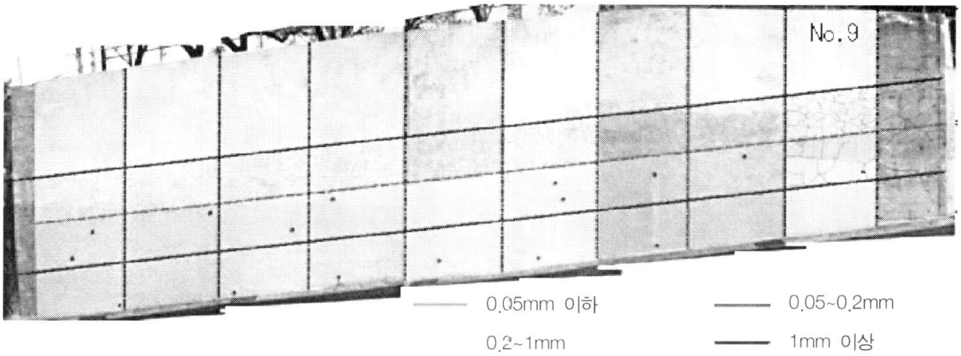

그림 3.40 **균열 발생 현황**

알 수 있었다.

한편, 일반적인 보수 모르타르에 의한 보수부분(그림 3.40 우측 No. 9)에는 시공 후 1개월부터 균열이 육안으로 관찰되었으며 균열폭은 시공 후 3개월 약 0.03mm, 10개월 약 0.2mm, 24개월 약 0.3mm였다. 38개월(약 3년) 시점에서의 균열 관찰 결과도 ECC의 균열폭은 약 0.1mm 이하 최대 0.2mm를 넘지 않는 상태로 안정되어 있었으며, 일반 보수 모르타르의 표면에 비해 ECC의 표면은 표면의 먼지만으로도 균열이 관찰되지 않는 미세균열 특성을 보이고 있었다.

3.5.4 고가교의 표면 피복[59)]

HPFRCC는 균열폭이 작고 기체나 액체가 투과하기 어렵기 때문에 콘크리트 구조물의 표면을 HPFRCC로 피복함으로써 콘크리트 구조물의 중성화 방지가 가능하다.

그림 3.41 **철도 고가교의 표면 피복**[57)]

장기적인 내구성이 요구되는 철도 고가교는 중성화에 대한 예방 및 방지를 목적으로 도막계 라이닝재에 의한 표면 보호공이 시공되는 경우가 있지만, 열차 주행에 의한 균열의 개폐 때문에 도막계 라이닝재는 조기에 균열이 발생하기 쉽다. 이러한 문제를 극복하기 위하여 휨균열이 발행한 고가교의 보부재에 대해서 뿜칠에 의한 두께 10mm의 HPFRCC가 표면 보호공으로서 2005년에 시험 시공되었다. 또한 ECC와 모체 콘크리트와의 부착성능을 확보하기 위해서 앵커가 이용되었다.

3.6 적용 사례

지금까지 HPFRCC에 대한 연구개발과 적용 사례를 살펴보았다. 개발된 HPFRCC를 어디에 적용할 것인가에 대한 아이디어는 HPFRCC가 갖는 재료적 특성을 분석하는 것에서 출발할 수 있다. 표 3.2는 HPFRCC의 재료적 특성과 적용 가능성에 관한 기존의 연구성과를 정리한 것이다. 예를 들어 HPFRCC의 인장변형 경화거동 특성을 이용하는 경우 교량 상판이나 건축구조물의 슬래브 등에 이용이 가능하며, 고에너지 흡수능력을 이용하는 경우는 건물의 댐퍼로 활용이 가능할 것으로 판단된다. 한편, HPFRCC의 복수 미세균열 거동 특성을 이용한 적용 방안은,

(a) 균열분산 특성 : 보수 재료
(b) 미세균열 특성 : 지수재료 또는 방식 재료
(c) 대 변형성능 특성 : 강재 피복 재료

등의 아이디어를 생각할 수 있다. 이러한 아이디어의 발상에서 중요한 점은 HPFRCC가 갖는 여러 가지 특성을 고려한 상태에서 기존의 기술을 극복할 수 있는 부분을 찾아 이를 적용해야 한다는 것이다. 예를 들어 일반적인 단면보수 재료는 시공 후에 재성능저하에 의한 균열이 발생하는 경우 모재의 균열을 따라 큰 균열(macro crack)이 발생한다. 그러나 HPFRCC를 적용하는 경우에는 균열이 발생하더라도 매크로 균열을 마이크로 균열로 치환시킴으로써 지수성과 방식성을 갖게 되며, 이러한 특성을 이용한 보수공법이 현재 국내에 개발되어 실용화 되고 있다[60]. 또 다른 예는 ECC가 갖는 우수한 보수·보강성능과 내화성능을 복합적으로 이용한, 즉 평시에는 구조물의 보수·보강재로 이용되다가 화재가 발생한 경우에는 우수한 내화성능이 발현되어(폭렬이 발생하지 않으며 3시간 내화성능을 만족) 내화 재료로 이용되는 공법 또한

HPFRCC가 갖는 제 특성을 이용한 사례라 할 수 있다[61].

표 3.2 **HPFRCC의 역할과 적용 방안**

역할	내용
다수균열의 역할 (role of multiple cracks)	- 휨응력을 받을 때 발생한 다수균열은 휨균열을 억제 - 전단하중을 받을 때 손실의 집중 없이 큰 변형 가능 - 전단보강근의 변형 분포를 평준화하여 부재의 변형성능 향상에 기여
손실저감효과 (damage reduction)	- 구조 부재의 요구성능 측면에서 부재의 피해를 경험해도 허용균열폭 이하이므로 보수 없이 내구성과 사용성을 유지
손실 허용 (damage tolerance)	- 재료의 요구성능 측면에서 초기 결함이 균열 진전을 통해 취성파괴로 이어지는 경우가 없음
에너지 흡수요소 (enerage absorbing)	- 효율적인 에너지 흡수요소로 적용 가능(벽과 같은 면 부재 적용)
균열 분산성 (crack distribution)	- 복수의 미세균열은 물의 침투를 억제하여 내구성 향상 기대
변형 적합성 (compatibility)	- 강재와 유사한 변형성능을 확보함으로써 RC에서 강재의 변형성능을 극대화할 수 있음
박리 저항성 (delamination resistance)	- 박리 저항성을 가진 내구적인 계면을 형성하는 것이 가능(보수/보강용도)
피로내구성 (fatigue durability)	- 피로하중을 받을 때 균결 분산성이나 에너지 흡수능력으로 인해 높은 피로내구성을 가짐

제 4 장 고인성 시멘트 복합재료의 성능 평가와 적용 지침

4.1 개요

4.1.1 범위

(1) 이"지침"은 다수의 미세균열 특성을 갖는 고성능 섬유보강 시멘트 복합재료(High Performance Fiber Reinforced Cement Composite, HPFRCC)를 사용한 구조물을 시공 및 설계시, 안전성, 사용성, 성능 복원성, 내구성과 같이 구조물에 요구되는 성능을 충족할 수 있는 기본사항을 규정하고 있다.

(2) HPFRCC는 시멘트 매트릭스와 보강용 단섬유로 구성되는 복합재료로 일축 인장응력 상태에서 유사 변형경화 특성과 미세하고 조밀한 다수의 균열 특성을 보이는 고인성 재료이다. 이 지침에서 다루는 HPFRCC는 다음의 조건을 충족해야 한다. 직접인장 시험체는 5장의 시험 방법 1에 준하여 제작되어야 한다. 시험 방법 2에 준하여 결정된 평균 극한인장변형률은 0.5% 이상이고 시험 방법 3에 의해 결정된 평균 균열폭은 0.2mm 이하여야 한다.

(3) HPFRCC의 구성재료는 구조물의 설계내구수명 동안 안정적이고 내구적이어야 한다.

[해설] (1) 이 "지침"는 다수의 미세균열 특성을 갖는 고성능 섬유보강 시멘트 복합재료를 사용한 구조 부재의 설계 및 시공에 관한 사항을 규정하고 있다. 본 "지침"에서 규정하고 있지 않은 사항에 대해서는 콘크리트 구조물의 표준시방서[62] 또는 콘크리트구조기준[63)64] 및 관련 기준[65)66]에 따른다. 이 지침은 기본적으로 일본토목학회에서 출간한 『미세균열형 섬유보강 시멘트 복합재료의 설계와 시공에 관한 기준』[67]을 참고하였다.

(2) 그림 4.1과 같이 단섬유로 보강된 시멘트 복합재료(Fiber reinforced cementitious composite, FRCC) 중 일축직접인장응력 상태에서 유사변형경화 특성을 나타내는 재료를 HPFRCC라고 정의한다.[68] 본 지침에서는 HPFRCC만을 대상으로 한다. 일축직접인장응력 상태에서 섬유보강된 시멘트 복합재료에 나타나는 유사변형경화 특성은 시멘트 복합재료에 보강된 단섬유에 의한 균열면의 가교작용에 따른 응력 재분배로 인하여 시멘트 복합재료 내 미세한 다수균열 발생에 따른 것이다. HPFRCC의 대표적인 예가 되는 ECC(Engineered cemenitious composite)는 미국 미시간대 V.C. Li 교수에 의해 제안된 마이크로 역학과 파괴역학을 근거로 구축된 재료설계기법에 의해 제조된 섬유보강 시멘트 복합재료로 그림 4.2에 나타냈다.

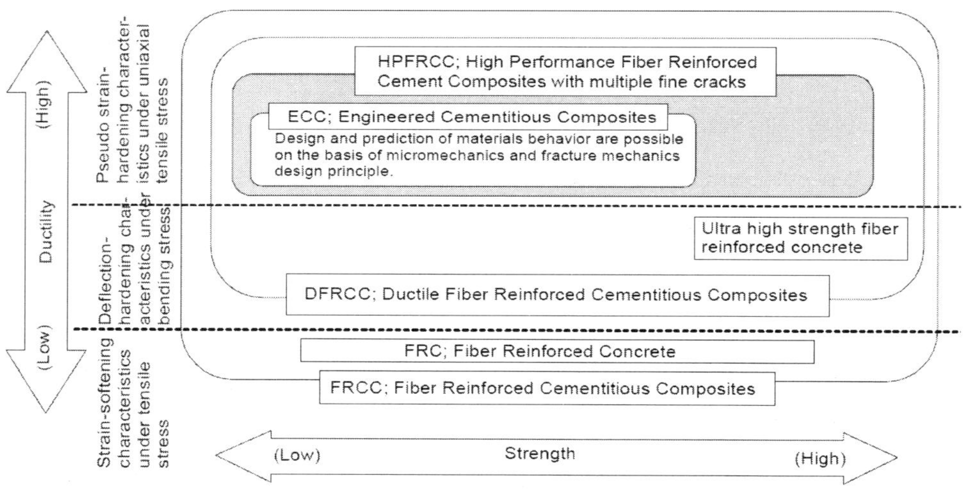

그림 4.1 **섬유보강 시멘트 복합재료의 분류**[66]

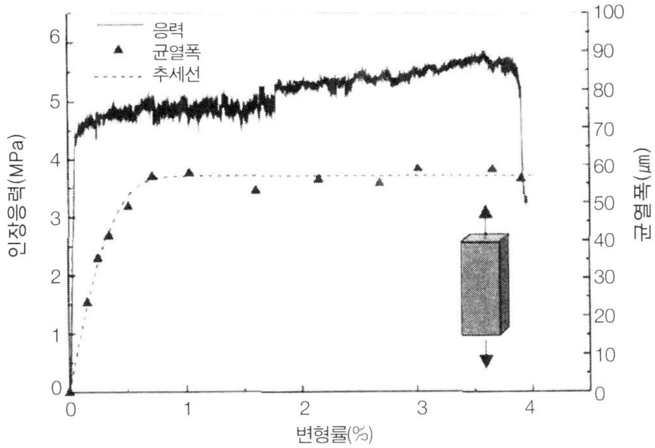

그림 4.2 **일축인장응력이 대한 ECC의 특성**[8)]

일축직접인장응력 상태에서 HPFRCC의 유사변형경화거동은 그림 4.3 (3)에 나타난 바와 같이 초기균열 발생 이후 인장응력이 증가되는 것을 의미한다. 일반적으로 금속 재료에서 항복 이후에 나타는 변형경화거동과 구분하기 위하여 유사변형경화거동이라고 칭하였다. 일반적인 섬유보강 시멘트 복합재료, 즉 FRCC 중에서도 그림 4.3 (1) 및 (2)와 같이 시멘트 페이스트, 모르타르 및 콘크리트와 같은 시멘트 복합재료에서 일반적으로 나타나는 초기균열 발생 이후 인장응력이 감소되는 거동을 변형연화(Strain-softening)라고 칭한다.

HPFRCC가 속한 고인성 섬유보강 시멘트 복합재료(Ductile fiber reinforced cementitious composite, HPFRCC) 중에는 일축직접인장응력 상태에서 유사한 변형경화 특성을 나타내지 않지만, 휨변형-처짐-변형 특성에서 휨응력이 증가하는 거동을 보이는 재료도 있다. 초고강도 섬유보강 콘크리트(Ultra high strength fiber reinforced concrete, UHSFRC)는 처짐경화(deflection-hardening) 특성을 나타내는 주요한 재료이다. 처짐경화 특성을 보이는 재료는 하중조건 또는 부재 크기에 따라 비교적 초기변형에서 국부적인 손상이 유발되고, 균열폭의 제어가 어렵다. 이러한 재료는 유사변형경화 특성을 나타내며 변형의 증가 시 균열제어능력을 갖는 HPFRCC와는 재료적 특성이 크게 다르고 내구성을 검증하기 위해서는 다른 방법이 요구된다. 따라서 본 규정에서는 HPFRCC만을 대상으로 하고 처짐변화 특성을 갖는 재료는 적용대상에서 제외한다.

HPFRCC의 적용 시, 유사변형경화 특성과 높은 내구성을 부여하는 다수의 미세한 균열 발생을 확인할 수 있는 필수적인 성능지표는 극한인장변형률과 평균 균열폭이라

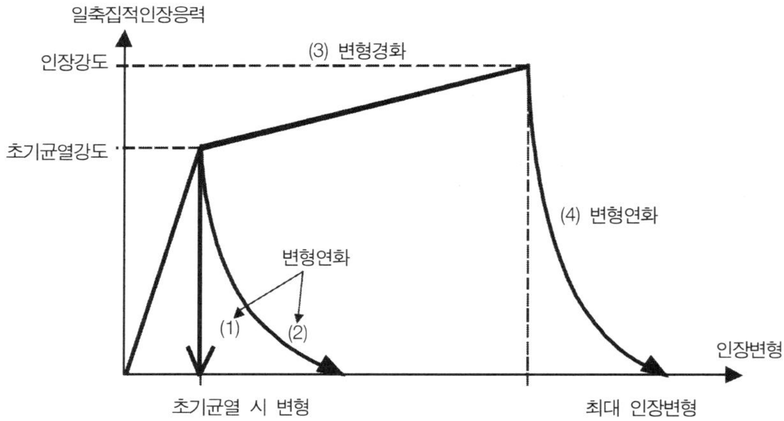

그림 4.3 **직접인장응력하에서 시멘트 복합재료의 변형경화 및 변형연화 개념**[66)]

할 수 있다.

이 지침의 적용범위는 타설 및 뿜칠에 의한 HPFRCC의 시공을 포함하고 있다. HPFRCC의 타설은 보통 콘크리트와 같이 현장타설, 공장제품, 레미콘 공장에서 제조 및 운반을 포함한다. 뿜칠은 기존 콘크리트 구조 부재의 보수 및 보강을 위한 표면 피복 및 단면회복을 포함한다.

(3) HPFRCC에 요구되는 내구성능으로서 보통 콘크리트와 같이 중성화, 염화물이온의 침입에 따른 강재침식, 동결융해, 수밀성 등을 들 수 있으며 구조물의 설계내용기간 동안 충분한 외부환경에 대한 저항능력을 확보할 수 있도록 HPFRCC의 구성재료를 선정해야 한다. 특히 보강섬유는 HPFRCC가 내구성을 확보하는 데 필수적인 역할을 하므로 구조물의 설계내용기간 동안 장기적인 안정성이 확인되어야 한다. HPFRCC를 사용한 구조물의 내구성은 보통 콘크리트 구조물의 내구성 평가지침에 따라 평가되어야 한다.

4.1.2 용어

이 지침서에서 사용되는 기본 용어는 일본 콘크리트표준시방서[구조성능 검토편][69)]에 준한다. 다른 용어는 다음과 같이 정의된다.

다수의 미세균열을 갖는 고인성 섬유보강 시멘트 복합재료(High Performance Fiber Reinforced

Cement Composite, HPFRCC) : 1.1 (2)에서 기술된 조건을 충족시키는 시멘트 복합재료의 약자. 미세역학을 기반으로 설계된 시멘트 복합재료와 단섬유로 구성되며 일축인장응력하에서 유사변형경화 특성을 나타내며, 조밀하게 다수의 미세한 균열이 발생하며 극한인장변형률이 수%에 달하는 매우 연성적인 재료

보강섬유 : 시멘트 복합재료에 혼입되는 유기 단섬유

복합재료 : HPFRCC를 구성하는 시멘트, 혼화제 및 골재를 포함하는 HPFRCC의 구성재료의 총칭

프리믹스 재료 : 개별적으로 성능이 평가되고 특별한 혼합기로 혼합된 보강섬유와 시멘트 복합재료의 혼합재료

유사변형경화 : 일축인장응력하에서 초기균열 이후의 인장응력이 증가되는 현상

인장항복강도 : 일축인장응력-변형률 곡선상에서 응력이 증가되다가 감소되는 변곡점에 해당되는 변형연화점과 초기균열 발생 시점 사이에서 최소 응력

인장항복강도의 특성값 : 재료의 분산 특성을 고려하여 결정된 인장항복강도

연화점 : 일축인장시험에서 미세한 다수균열이 발생한 이후 국부적으로 균열폭이 증가되며 하중이 급격하게 감소하는 변곡점

인장강도 : 일축인장시험에 의한 응력-변형률 곡선에서 나타난 최대 응력

극한인장변형률 : 연화점의 변형률

극한인장변형률의 특성값 : 재료의 분산 특성을 고려하여 결정된 인장극한변형률

평균 균열폭 : 극한인장변형률의 특성값에 이른 시점에서의 평균 균열폭

최대 균열폭 : 극한인장변형률의 특성값에 이른 시점에서 발생한 균열의 폭 중 최대 값

균열강도 : 인장응력을 받는 HPFRCC의 응력-변형률 관계 곡선에서 선형탄성 가정이 성립되지 않는 시점, 즉 초기균열 발생 응력

4.1.3 기호

이 지침에서 사용하고 있는 기호는 일본 콘크리트표준시방서[구조성능 검토편][69]에 따르며 이 지침서에서 사용되고 있는 그 외의 기호는 다음과 같이 정의된다.

f_{ty} : HPFRCC의 인장항복강도

f_{tyn} : HPFRCC의 인장항복강도의 실험값

f_{tyk} : HPFRCC의 인장항복강도의 특성값

f_t : HPFRCC의 인장강도

ε_{tu} : HPFRCC의 극한인장변형률

ε_{tui} : HPFRCC의 극한인장변형률의 실험값

ε_{tuk} : HPFRCC의 극한인장변형률의 특성값

f_y : 전단균열에 수직으로 작용하는 HPFRCC 평균 인장강도

V_f : 보강섬유가 부담하는 전단강도

β_u : 대각선 전단균열 각도

4.2 설계 일반

4.2.1 일반사항

(1) HPFRCC를 사용한 구조물의 설계는 다음과 같은 절차에 따라서 이루어져야 한다. 먼저 구조물에 요구되는 성능, 구조계획 및 구조 상세 등이 결정되어야 한다. 구조물의 설계내구수명 동안 구조물에 요구되는 성능의 충족 여부에 대해서도 검토되어야 한다.

(2) HPFRCC를 사용한 구조물의 설계 시, 철근 또는 철골과 합성, 철근콘크리트 구조와 합성, 프리캐스트 부재와 합성 등 구조 상세, 타설 및 뿜칠과 같은 시공 방법을 비교 검토하고 시공성, 유지관리성, 경제성을 고려하여 합리적으로 결정되어야 한다.

[해설] HPFRCC를 사용한 구조물의 설계절차는 보통 콘크리트 구조물의 설계절차와 유사하기 때문에 전반적인 설계원리는 일본 콘크리트표준시방서[구조성능 검토편[69]]에 준할 수 있다. 이 지침에서는 철근으로 보강된 HPFRCC 부재 및 기존 철근콘크리트 단면보수 한 부재를 대상으로 하며 철근이 보강되지 않은 HPFRCC 부재는 예외로 한다. 다양한 부재나 철골 부재와 합성된 구조의 설계는 콘크리트표준시방서를 참조해야 한다.

4.2.2 설계내구수명

(1) HPFRCC를 사용한 구조물의 설계내구수명은 구조물의 설계내구수명, 유지관리 방법, 환경조건, 구조물의 성능변화 및 경제적인 효용성을 반영하여 결정되어야 한다.

[해설] HPFRCC를 사용한 구조물의 설계 시, 구조물의 내구수명 설계가 요구된다. 설계내구수명은 사용기간, 환경조건, 시간에 따른 구조성능의 저하 등을 고려하여 결정해야 한다. 구조물의 사용기간은 사용목적 및 경제성에 의해 결정되어야 한다. 설계내구수명의 결정 방법은 급속열화 시험 등을 통해 HPFRCC 및 보강섬유의 내구성이 구조물의 설계내구수명 이상임을 확인해야 한다.

4.2.3 성능 평가의 원칙

(1) HPFRCC를 사용한 구조물의 성능 평가는 원칙적으로 시공 및 내구수명 기간 동안 요구성능에 있어서의 변화를 고려한 요구성능의 충족 여부가 평가되어야 한다. 4.9절에서 제시된 조건을 충족할 때는 시간에 따른 성능의 변화에 대하여 환경이 끼치는 영향은 무시될 수 있다.
(2) HPFRCC를 사용한 구조물의 요구성능에 대한 한계상태를 시공 중 및 설계내구수명 기간 중 구조물 또는 구조 부재에 대하여 각각 설정하고, 설계할 때 가정한 재료, 형상 및 치수 등과 같은 구조상세를 갖는 구조물 또는 구조 부재가 소정의 한계상태에 도달되지 않음을 확인하는 것으로 구조물의 성능 평가가 이루어져야 한다.
(3) 구조물의 성능 평가는 원칙적으로 적절하게 규정된 평가지표와 반응값을 비교함으로써 이루어진다.

[해설] (1) 구조물의 안전성, 사용성 및 복구성능이 평가될 때, 원칙적으로 시간에 따른 성능의 변화가 반영되어야 한다. 이 지침의 4.9절이 충족된다면 구조물의 내구수명 동안 구성재료의 성능저하는 고려하지 않아도 된다. 구조물의 치수, 철근배근 상세, 재료의 역학적 특성 등을 확인함으로써 구조 안전도를 평가할 필요가 있다.

(2) 콘크리트표준시방서를 근거로, 이 지침은 원칙적으로 구조물의 요구성능이 명확하게 명시된 방법을 적용하고 각 요구성능에 상응하는 한계상태가 규정되어져 있다. 구조물 또는 구조물의 일부가 한계상태에 도달된 경우 사용성이 빠르게 저하되고 종종 파괴에 이를 수도 있다. 파괴 시 구조물은 더 이상 기능을 발휘할 수 없으며 또한 요구성능을 충족시킬 수 없게 된다. 이러한 경우, 한계상태의 평가는 구조물의 성능평가로 대체할 수 있다. 특정 한계상태에 있어서 소요성능에 대한 한계값은 재료, 부재, 구조물의 상태를 나타내는 지표로 구할 수 있다. 또한 외부 하중에 대한 응답을 평가하고 그 응답이 한계값의 초과 여부를 확인해야 한다. 한계값은 응답값을 계산하기 위하여 적용된 해석 방법 및 모델의 신뢰성을 반영하여 규정되어야 한다.

(3) 구조물의 합리적인 성능평가를 위하여 가능한 직접적으로 요구성능을 나타내는 평가지표가 응답값에 대한 한계값을 평가하기 위해 적용되어야 한다. 이 지침은 일본 콘크리트표준시방서[구조성능 검토편][69]를 근거로 하며 한계상태 및 평가지표는 표 4.1에 제시되었다.

표 4.1 **요구성능, 한계상태 및 평가지표**[66]

성능 요구조건	성능	한계상태	검증지표	요구사항
안전성	부재 또는 구조물 파괴/붕괴	단면파괴	하중	모든 작용력 중 최대값
		피로파괴	응력집중, 하중	주기적 작용
		구조안정성	변형	모든 작용력 중 최대값, 사고
	이용에 대한 안전성	주행성	가속도, 진동, 변형	모든 작용력 중 최대값, 사고
		교란	콘크리트 탈락 (탄산화 깊이, 염화이온 침투)	환경적 요인
사용성	쾌적성	주행성	가속도, 진동, 변형	빈번한 작용
		외관	균열폭, 응력집중	빈번한 작용
		소음, 진동	소음 진동지수	빈번한 작용
	기능성	방수성	투수성, 균열폭	빈번한 작용
		기밀성	투기성, 균열폭	빈번한 작용
		차폐성	질량-에너지 손실	빈번한 작용
		손상	하중, 변형	빈번한 작용
회복성	회복성능	손상	변형, 변형률	사고

4.2.4 안전계수

주어진 재료 특성값의 정밀도, 공시체와 실제 구조물의 재료 특성의 차이, 구조물의 중요도, 설계식의 신뢰성 등을 고려하기 위하여 안전율을 적용해야 한다. 각 안전율은 일본 콘크리트표준시방서[구조성능 검토편][69]에 준한다.

4.3 재료 설계값

4.3.1 일반사항

(1) 이 절은 HPFRCC의 재료 특성에서 설계에 특별히 필요한 일반 항목을 나타내고 있다. 또한 콘크리트, 철근, PC강재 등의 재료 특성에 관해서는 콘크리트표준시방서 또는 콘크리트구조기준에 의한다.

(2) HPFRCC의 품질은 성능조사상의 필요 성능에 대응하여, 압축강도나 인장강도, 기타 강도 특성, 탄성계수, 인장 길이 변화율 등의 변형 특성, 열 특성, 내구성, 수밀성 등의 재료 특성으로 나타낼 수 있다. 강도 특성 및 변형 특성에 관해서는 보강용 섬유 혼입의 효과를 고려해야 하며, 필요에 따라 재하속도의 영향을 고려할 필요가 있다.

(3) 재료강도의 특성값은 실험값을 이용해 계산한 것으로, 대부분의 실험값이 이 가정치의 아래에 위치하는 것을 검증한 값이다.

(4) 설계강도는 재료강도의 특성값을 재료계수 γ_m 으로 나눈 값이다.

[해설] (1) 콘크리트, 철근, PC강선 등에 관해서는 종래 콘크리트 구조물에 사용하였던 것과 동일하게 하기 위해 콘크리트표준시방서 또는 콘크리트구조기준을 이용하는 것으로 하였으며, 여기서는 특별한 규정을 두지 않았다.

(2) HPFRCC는 시멘트 매트릭스와 보강용 섬유의 조합에 의해 강도 특성과 변형 특성에 큰 차이가 발생한다. 그러므로 구조물이나 부재에 이용하는 HPFRCC는 사용목적, 환경조건, 사용기간, 시공조건 등을 고려하여 적절한 성능의 것을 사용할 필요가 있다.

이 장에서 나타낸 재료 특성값은 정적 및 통상의 동하중에 대한 한계상태의 검토에 이용하는 것이 좋다. 충격하중을 고려하는 경우에 있어서 변형속도를 특히 고려할 필요가 있는 경우에는 신뢰성이 높은 실험 등에 의해 얻은 실험 결과를 이용하는 것이 좋다.

(3) 재료강도의 특성값 및 재료 길이변화율 특성값은 일반적으로 다음 식에 의해 얻는다.

$$C_k \leqq C_{km} - k\sigma \tag{4.1}$$

여기서, C_k : 특성값

C_{km} : 시험할 때 평균값

σ : 시험할 때 표준강도

k : 계수

계수 k는, 특성값보다 작은 값의 실험값이 얻어질 확률로서 특성값보다 실험값이 작아질 확률을 5%로 하고, 정규 분포를 갖는다고 한다면 계수 k는 1.64가 된다.

4.3.2 강도 및 변형률

1) 특성값

(1) HPFRCC의 강도 및 신율 특성값은 원칙적으로 28일 재령강도를 기준으로 하며, 여기서 구조물의 사용목적 필요 하중의 작용시기 및 시공계획 등에 대응하여 적절한 재력에 의한 실험에 기준하여 정하는 것이 좋다.

(2) HPFRCC의 재료계수 γ_c는 종국한계상태의 검토에 있어서는 1.3($f_{ck} \leq 80\text{N/mm}^2$)이다. 또한 사용한계상태에 있어서는 1.0으로 한다.

[해설] (2) 이 지침에서 재료계수(γ_c)는 주로 시공에 기인하는 것으로, 공시체와 구조물 사이의 재료의 오차, 경시변화 및 지속하중 영향 등을 고려한 계수이다.

시공단계에서 공시체와 구조물 내 콘크리트의 강도 차이의 원인은 부재 단면 크기에 따른 수화열의 온도이력 차이나 제조할 때 재료의 시공성능이 다르기 때문에 발생하는 것으로 판단된다. 전자의 경우, HPFRCC를 이용하는 부재는 통상적으로 콘크리트 부재에 비하여 부재 두께가 얇기 때문에 공시체와 부재 중 재료의 수화열에 의한 온도이력이 다른 경우는 적다고 할 수 있다. 후자의 경우, HPFRCC에서는 품질을 안정화 시킬 목적으로 절건 상태의 골재를 사용하는 경우가 많으며, 이 경우 일반적으로 콘크리트에 비하여 골재의 표면수율을 관리할 필요가 없으므로 단위수량의 변동이 설계오차에 영향을 줄 정도는 아니다.

경시변화에 관해서는 시험이나 신뢰할 수 있는 자료에 의해 수축균열 저항성 및 압축 특성이 콘크리트의 범위보다 크지 않는 것으로 확인된 경우, 전술한 시공의 영향을 고려한 HPFRCC의 재료계수를 콘크리트와 동일하게 사용할 수 있다. 수축균열 저항성은 자기수축특성 KS F 2586, 건조수축 특성 KS F 2424/4042, 구속균열 특성 KS F 2595 또는 동등한 시험에 의해 콘크리트와 상대비교로 확인할 필요가 있다. 또한 압축크리프에 대해서는 예를 들어 28일 재령에 재하하여 크리프계수가 일본 콘크리트 표준시방서[구조성능 검토편][69]에 제시된 1.5를 초과하지 않는 것을 확인해야 한다.

2) 인장항복강도

HPFRCC의 인장항복강도 f_{tyk}는 5장의 시험 방법 2에서 얻어진 첫 번째 균열 발생 후의 응력-변형률 곡선에 기초하여 정할 수 있다.

[해설] 인장항복강도 f_{tyk}는 5장에서 제시하는 시험 방법 2의 일축직접인장 시험 방법에 따라, 그림 4.4에 나타낸 일축직접인장 시험을 실시하여 시험 결과를 이용하여 정하는 것을 표준으로 한다. 인장항복강도의 정의는 그림 4.4와 같다. 시험 방법 2의 일축직접인장시험에서 공시체의 크기효과(size effect)는 13~50mm 범위에서는 크지 않음을 확인하였다. 예를 들면 표 4.2의 배합 및 표 4.3의 섬유를 이용한 배합 HPFRCC 공시체의 인장항복강도를 표 4.4 및 그림 4.5에 나타냈다.

표 4.2 **HPFRCC배합 예**[66]

W/(C+FA)(%)	단위수량(kg/㎥)	S/(C+FA)(%)	섬유혼입률(%)
42.2	350	70	2.0

표 4.3 **PVA섬유의 기계적 성능**[66]

종류	직경, d_f(mm)	길이, L_f(mm)	탄성계수, E_f(N/mm^2)	인장강도(N/mm^2)
PVA	0.04	12	40,600	1,690

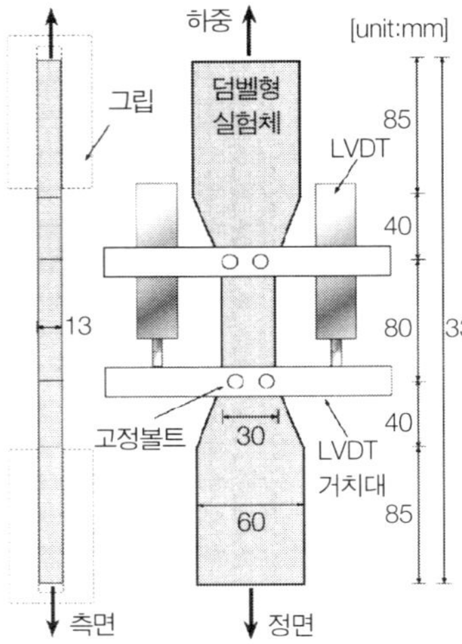

그림 4.4 **비구속 인장시험**66)

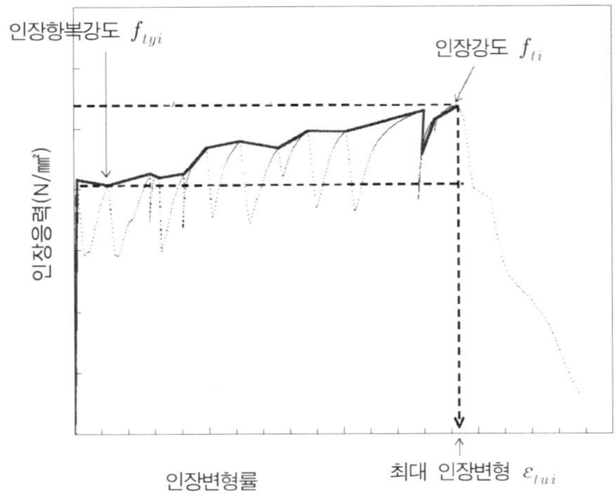

그림 4.5 **인장항복강도 및 극한인장변형률 정의**66)

표 4.4 **인장항복강도 통계값**66)

변수	인장항복강도
평균(N/mm²)	3.27
표준편차(N/mm²)	0.17
변동계수(%)	5.23

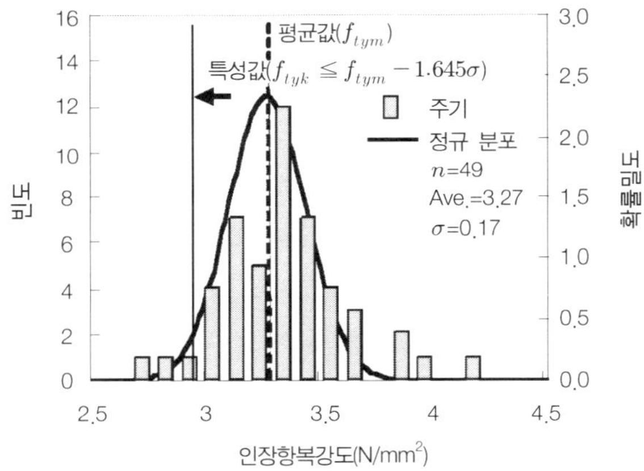

그림 4.6 **인장항복강도 통계값**66)

3) 인장강도

HPFRCC의 인장강도 f_{tk}는 5장의 시험 방법 2에 의한 인장강도에 기초하여 정할 수 있다.

[해설] 인장강도 f_{tk}는 일축직접인장 시험 방법에 따라 실시한 시험에서 얻은 인장응력-변형률 곡선에서 응력의 최대값으로 정의한다. 인장 시험은 5장 "일축직접인장강도 시험 방법"에 따르는 것을 원칙으로 한다. 예를 들어 표 4.2의 배합 및 표 4.3 섬유

를 사용한 HPFRCC의 인장강도 실시 예를 표 4.5 및 그림 4.7에 나타냈다.

표 4.5 **인장강도 통계값**[66]

변수	인장강도
평균(N/mm^2)	5.02
표준편차(N/mm^2)	0.37
변동계수(%)	6.27

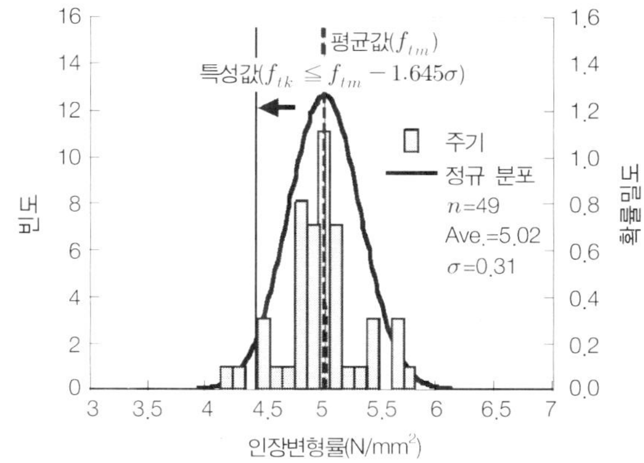

그림 4.7 **인장강도 통계값**[66]

4) 극한인장변형률

HPFRCC의 극한인장변형률 ε_{tuk}는 5장의 시험 방법 2에 의한 응력-변형률 곡선에 기초하여 정할 수 있다.

[해설] 극한인장변형률 ε_{tuk}는 5장 "일축직접인장강도 시험 방법"에 따르는 것을 원칙으로 한다. 그림 4.4의 응력-변형률 곡선에 극한인장변형률을 정의하였다. ε_{tuk}의 예는 표 4.6 및 그림 4.8과 같다.

표 4.6 **극한인장변형률 통계값**[66]

변수	극한인장변형률
평균(N/mm^2)	5.08
표준편차(N/mm^2)	0.83
변동계수(%)	16.43

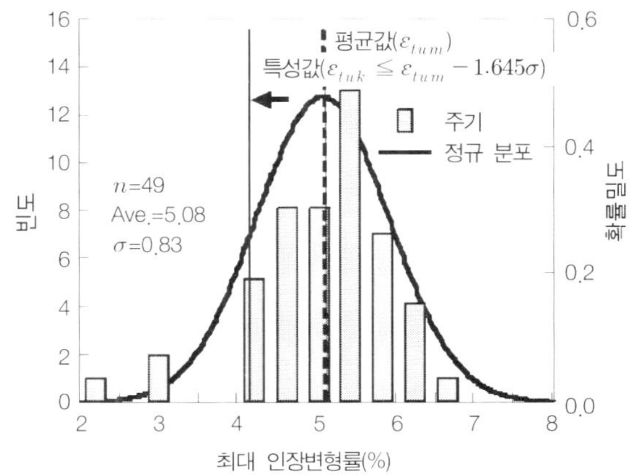

그림 4.8 **극한인장변형률 통계값**[66]

5) 압축강도

HPFRCC의 압축강도 f_{cu}는 KS F 2405 「콘크리트 압축강도 시험 방법」에 의한 압축강도에 기초하여 정할 수 있다.

[해설] HPFRCC의 압축 시험은 5장 「강도 시험용 공시체의 제작 방법」에 준하여 공시체를 제작하고, KS F 2405 「콘크리트 압축강도 시험 방법」으로 시험한다. 이 시험은 직경 100mm, 높이 200mm의 원형공시체를 표준으로 한다. 그러나 굵은 골재를 포함하지 않은 HPFRCC의 경우에는 직경 50mm, 높이 100mm의 원형공시체를 이용할 수도 있다. 표 4.2의 배합 및 표 4.3의 섬유를 이용한 HPFRCC의 압축강도 예를 아래에 나타냈다. 표 4.7은 49배합에 대한 통계값을, 그림 4.9는 평균값을 보여준다. 압축강도의 변동계수는 6% 정도로 통상적인 콘크리트와 큰 차이가 없음을 알 수 있다. 또한 직경 100mm와 직경 50mm의 공시체 비교에서는 전자의 압축강도 평균값이 후자의 평균값보다 6% 정도 작지만 현저한 차이는 없다.

표 4.7 **압축강도 통계값**[66)]

변수	시험체 크기	
	직경 : 100, 높이 : 200(mm)	직경 : 50, 높이 : 100(mm)
평균(N/mm^2)	34.3	36.8
표준편차(N/mm^2)	2.1	2.3
변동계수(%)	6.06	6.34

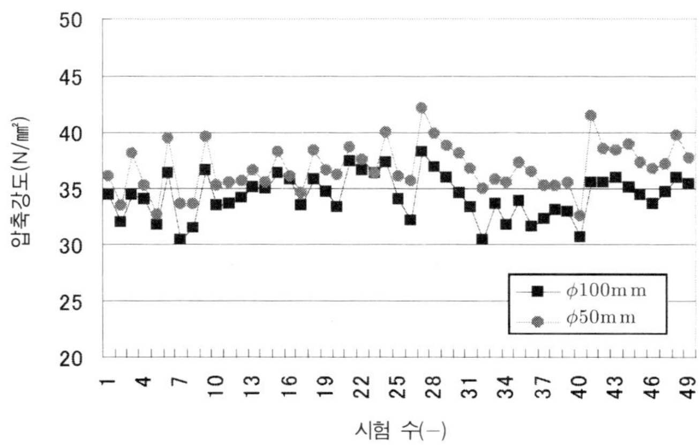

그림 4.9 **압축강도 관리도**[66)]

4.3.3 응력-변형률 곡선

1) 인장응력-변형률 곡선

(1) HPFRCC의 인장응력-변형률 곡선은 적절한 시험 방법을 통해 결정할 수 있다. 한계상태에 대응하여, 실제 시험 결과를 기초로 적절한 형태로 가정할 수 있다.

(2) 그림 4.10의 인장응력-변형률 곡선은 휨모멘트와 축력 또는 휨모멘트를 받는 부재의 극한 단면해석에 이용할 수 있다.

(3) 그림 4.10의 인장응력-변형률 곡선은 사용한계상태에 대한 검토에 이용할 수 있다.

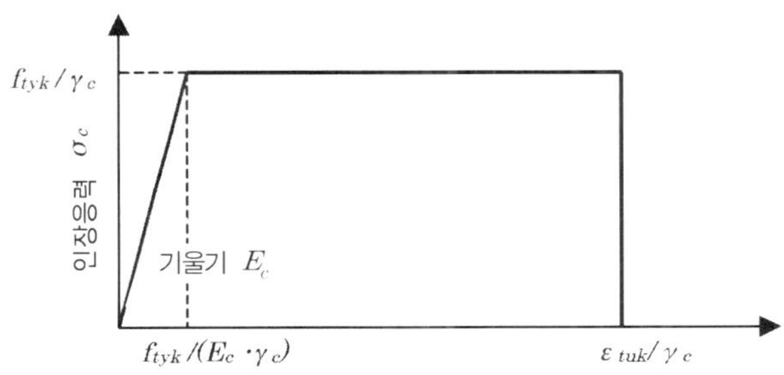

그림 4.10 **인장응력-변형률 곡선**[66)]

[해설] HPFRCC의 인장응력-변형률 곡선을 간편한 근사식으로 표현하는 경우, 그림 4.11에 나타냈듯이 인장항복강도를 정점으로 하는 완전탄소성 모델을 이용하면 일반적인 철근콘크리트 부재와 동일한 레벨의 적합성을 얻을 수 있다. 그러므로 이 지침에서는 그림의 실선으로 나타낸, 인장항복강도값을 재료안전계수로 나눈 값을 이용하여 완전탄소성 모델을 이용할 수 있도록 하였다.

일반적으로 HPFRCC의 극한인장변형률은 철근의 항복변형률보다 크며, HPFRCC가 극한변형률에 도달하기 전에 인장철근이 항복변형률에 도달한다. 그러므로 단면강도에 대한 HPFRCC의 극한인장변형률 값 효과는 무시할 수 있다. 또한 앞의 해석 예에서, 재료 시험으로 얻은 극한인장변형률 1.3%(0.013)를 초과해도 인장항복강도를 유지하는 것으로 가정한 모델을 이용한 해석 결과, 콘크리트 변형률이 극한인장변형률에 도달할 때 HPFRCC의 인장변형률이 1.7%(0.017)에 있어 실험값에 적합한 결과를 확인할 수 있었다. 그러므로 이 지침 4.3.2의 4)에 나타낸 극한인장변형률 값은 극한변형률로 간주할 수 있다. 다만 해석에서 설계단면강도가 과소평가되는 경우에는 인장응력-변형률 관계를 적절히 재조정할 필요가 있다. 또한 파괴모드의 확인에 있어서는 응력-변형률 곡선을 적절히 반영한 모델을 이용하여 확인할 필요가 있다.

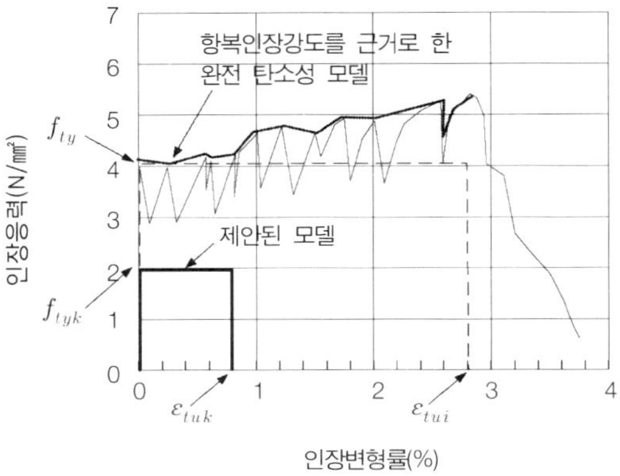

그림 4.11 **시험 결과와 설계용 응력-변형률 곡선 비교**66)

2) 압축응력-변형률 곡선

(1) HPFRCC의 압축응력-변형률 곡선은 적절한 시험을 통해 결정하는 것을 원칙으로 한다. 적절한 압축응력-변형률 곡선의 형태는 신뢰할 만한 시험 결과에 기초한 극한상태를 기준으로 가정한다.

(2) 휨모멘트 및 휨모멘트와 축력을 받는 부재의 극한한계상태에 대한 단면 검토를 하는 경우, 일반적으로 그림 4.12에 나타낸 압축응력-변형률 모델을 이용할 수 있다. ε_m' 및 ε_{cu}'는 적절한 시험을 통해 결정해야 한다. 또한 초기 곡선영역은 다음의 응력-변형률 식을 적용할 수 있다.

$$\sigma_c' = 0.85 f_{ck}'/\gamma_c \times \varepsilon_c'/\varepsilon_m' \times (2 - \varepsilon_c'/\varepsilon_m') \quad (4.2)$$

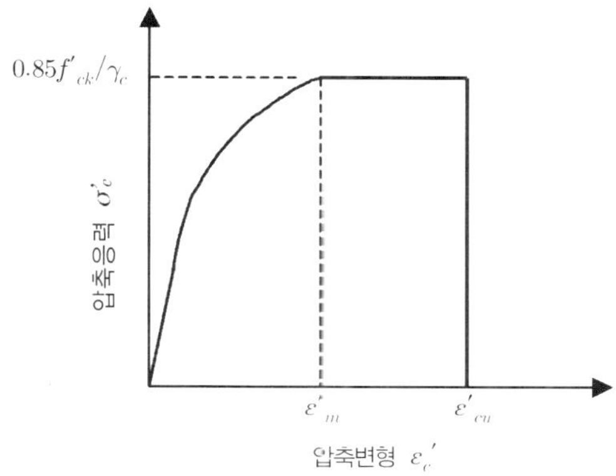

그림 4.12 **압축응력-변형률 곡선**[66)]

(3) 사용한계상태에 대한 검토에서 압축응력-변형률 곡선은 직선으로 간주할 수 있다. 여기서 탄성계수는 4.3.4절에 의해 결정한다.

(4) 안전성능이나 사용성능을 검토할 필요가 있는 경우, 이축응력 및 삼축응력 상태에서 HPFRCC의 압축응력-변형률 곡선을 이용하여 다축응력에 대한 효과를 고려할 수 있다. 여기서 재료는 사용한계상태에서는 선형탄성으로 가정하며, 탄성계수 및 포아송비는 4.3.4절 및 4.3.5절의 값으로 가정할 수 있다.

[해설] (2) 직경 100mm, 높이 200mm의 원형공시체에 대한 압축응력-변형률 관계의 시험 결과를 그림 4.13에 나타냈다. 그림에서 최대 하중에서의 변형률은 약 0.4%(0.004)이며, 압축응력-변형률 관계를 보면 최대 응력 상태에서의 변형률 ε_m'은 일반적인 콘크리트의 변형률 0.002보다 크다. 이것은 HPFRCC의 특성으로서, 섬유의 가교작용에 의한 구속효과로 변형률이 증가했기 때문이다.

구조설계에서 이러한 HPFRCC의 재료 특성을 고려하기 위해서는 HPFRCC의 휨 시험에 기초한 응력-변형률 관계를 결정할 필요가 있다. 그러나 이러한 시험 결과는 매우 부족하기 때문에, ε_m'은 최대 압축응력 상태에서의 변형률로, ε_{cu}'은 ε_m'과 같다고 가정할 수 있다.

(4) HPFRCC의 압축응력-변형률 관계에서 ε_m'과 ε_{cu}'은 일반적으로 콘크리트와 같이 주변 방향으로 구속되어 영향을 받기 때문에 사용하는 위치에서 구속 상태를 고려하여 적절히 결정해야 한다.

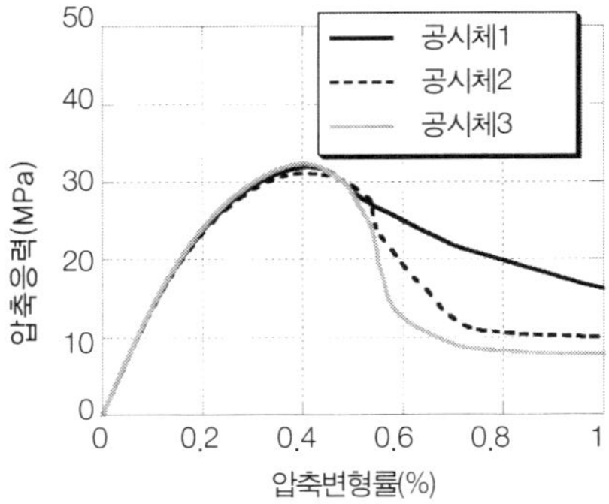

그림 4.13 **압축응력-변형률 곡선 예**[66)]

4.3.4 탄성계수

HPFRCC의 탄성계수는 원칙적으로 KS F 2438 「콘크리트 정탄성계수 시험법」에 의해 산정한다.

[해설] HPFRCC의 탄성계수는 콘크리트와 동일한 시험 방법에 의해 구할 수 있다. 얻어진 탄성계수는 일반적인 콘크리트보다 작으며, 약 1/2~2/3 정도의 값을 갖는다. 그림 4.14는 탄성계수와 압축강도 관계 및 일본 기준을 예시한 것이다.

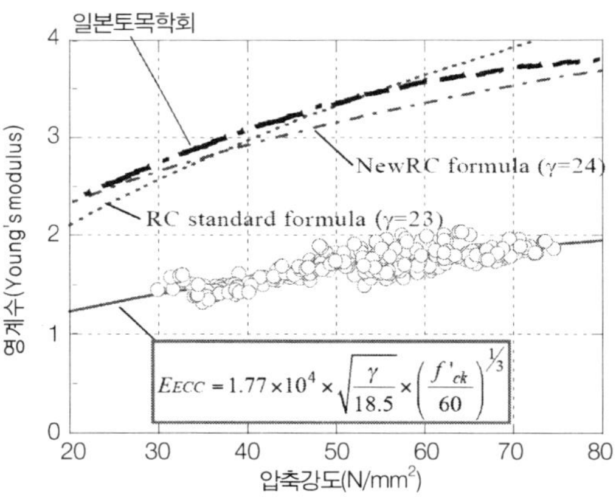

그림 4.14 **탄성계수 결정 예**[66)]

4.3.5 포아송비

HPFRCC의 포아송비는 시험 결과나 기존 시험자료를 근거로 결정한다.

[해설] HPFRCC의 포아송비 시험 예를 그림 4.15에 나타냈다. 여기에서 HPFRCC의 포아송비는 일반적인 콘크리트보다 다소 높은 0.226으로 나타나고 있다.

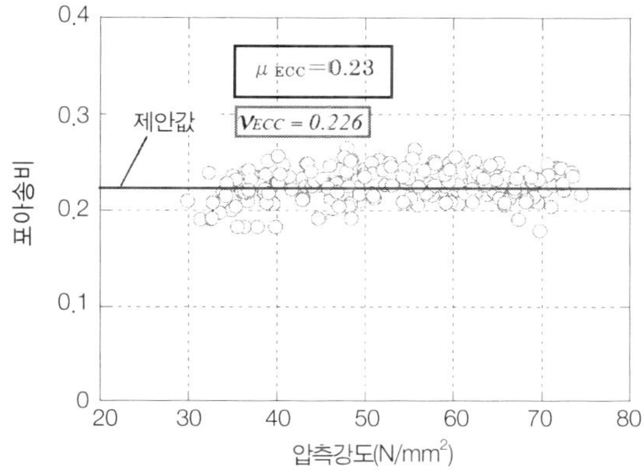

그림 4.15 **포아송비 결정 예**[66)]

4.3.6 열적 특성

원칙적으로 HPFRCC의 열적 특성은 시험 결과나 기존 시험자료를 근거로 결정한다.

[해설] HPFRCC의 열적 특성은 함수 상태나 온도 등의 조건에 따라 변하기 때문에 충분한 자료가 축적되어 있지 않다. 그러므로 열적 특성값은 실험 결과에 기초해 결정하는 것을 원칙으로 한다. 예를 들어 열전도율은 KS L 9016에 따를 수 있다.

표 4.8은 표 4.2의 배합, 표 4.3의 섬유, 20℃ 봉함 28일 양생한 HPFRCC 공시체의 열적 특성을 나타낸 것이다. 또한 표에 일본 콘크리트표준시방서[구조성능 검토편][69)]의 일반적인 콘크리트 열적 특성값을 나타냈다.

표 4.8 **열적 특성값 예**

재료	열전도율(W/m K)	비열(J/g K)
HPFRCC	0.463	1.44
보통 콘크리트	2.6~2.8	1.0~1.26

4.3.7 건조수축

HPFRCC의 건조수축은 재료의 성질, 배합, 양생조건, 구조물 주변의 온도, 부재단면의 형상 및 치수를 고려하여 실험 등에 의해 결정하는 것을 원칙으로 한다.

[해설] HPFRCC의 건조수축은 사용재료 및 배합에 따라 크게 다르기 때문에 시험에 의해 결정하는 것으로 한다. 예를 들어 자기수축 특성(KS F 2586), 건조수축 특성(KS F 2424/4042), 구속균열 특성(KS F 2595) 등을 평가하면 된다. 특히, HPFRCC는 일반적인 콘크리트에 비하여 단위수량이 많기 때문에 일반 콘크리트와 동등한 건조수축량이 되는지를 확인하는 것이 중요하다. 팽창재 및 수축저감제를 첨가한 HPFRCC의 수축 성상 예를 그림 4.16에 나타냈다. 또한 균열이 발생한 경우에도 균열 분선성이나 섬유의 가교효과에 의해 균열폭을 제어할 수 있다.

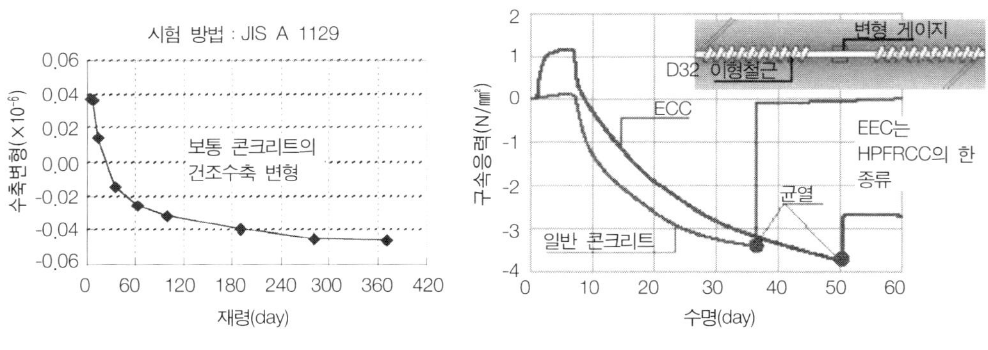

그림 4.16 **HPFRCC의 건조수축 성상 예**[66)]

4.3.8 크리프

(1) HPFRCC의 인장크리프 변형률은 기존 자료 또는 시험을 기초로 결정해야 한다.

(2) 일반적으로 HPFRCC의 압축크리프 변형률은 작용응력에 비례하며 다음 식에 따라 구할 수 있다.

$$\varepsilon_{cc}' = \phi\sigma_{cp}'/E_{ct} \tag{4.3}$$

여기서 ε_{cc}' : HPFRCC의 압축크리프 변형률

ϕ : 크리프계수

σ_{cp}' : 작용압축응력

E_{ct} : 재하재령에서 탄성계수

[해설] (1) HPFRCC는 HPFRCC 부재의 인장 분포를 가정하여 설계가 가능하기 때문에 재료는 종종 영구 인장하중 조건에 놓일 때가 있다. 더욱이 HPFRCC는 균열 이후에도 인장하중에 저항하게 된다. 그러므로 인장 상태에서 HPFRCC의 적절한 자료나 시험 등을 통해 크리프를 검토해야 한다. 특히 인장크리프 한계가 설계상 인장항복강도값을 초과하는지를 확인하는 것이 중요하다.

(2) HPFRCC는 일반적인 콘크리트에 비하여 크리프 변형을 구속하는 데 효과적인 골재가 적게 배합되어 있기 때문에, 크리프 변형률이 큰 경향이 있다. 그러나 HPFRCC의 탄성계수가 작기 때문에, 경량 콘크리트의 경우와 동일한 크리프계수를 갖는다. 그림 4.17은 직경 100mm, 높이 200mm의 원형공시체, 28재령 상태에서 압축강도의 1/4에 상당하는 하중을 재하한 경우, 기건 상태에서 크리프계수를 나타낸 것이다. 크리프 시험의 환경조건은 20℃, 60%RH이다. 그림에 동일한 조건의 콘크리트 크리프계수를 문헌 추정식에 산출한 결과를 같이 나타냈다. HPFRCC의 크리프계수는 동일한 압축강도 콘크리트에 비해 3/4 정도로 나타났다.

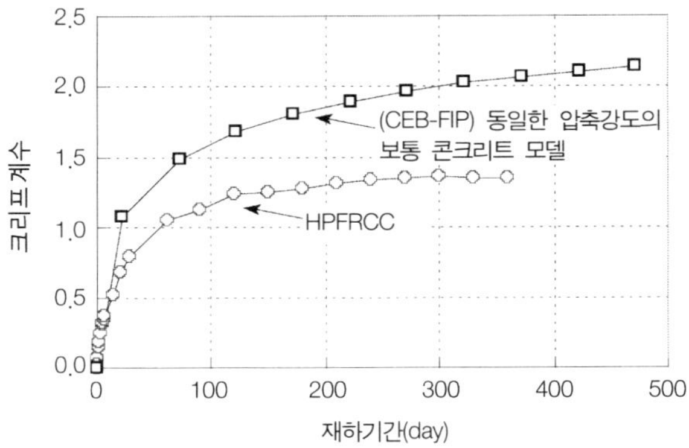

그림 4.17 **HPFRCC의 크리프 성상 예**[66)]

4.3.9 피로

(1) HPFRCC의 피로강도 특성은 구조물의 노출조건 등을 고려한 시험을 통해 얻은 피로강도를 기준으로 정한다.

(2) 일반적으로 HPFRCC의 재료계수 γ_c는 일반적인 피로한계상태에서 1.3으로 한다.

(3) 일반적으로 HPFRCC의 압축 및 휨압축 상태에서 설계피로강도 f_{rd}는 피로재령 N과 영구하중에 의한 응력 σ_p의 함수로, 식 (4.4)에 의해 구할 수 있다. 다만 연속적이거나 대부분이 포화수 상태에 있는 경우에는 실험적으로 결정해야 한다.

$$f_{rd} = 0.85 f_d (1 - \sigma_p / f_d)(l - \log N/17) \ (\mathrm{N/mm^2}) \tag{4.4}$$

여기서, $N \le 2 \times 10^6$, f_d : HPFRCC의 설계압축강도, γ_c : 1.3

(4) HPFRCC의 인장 및 휨인장 설계피로강도 f_{rd}는 피로수명 N과 응력 σ_p의 함수를 시험에 기준하여 정한다.

[해설] (3) 압축피로 특성은 보강섬유에 의해 크게 증가하기 때문에 일반적인 콘크리트에 사용하는 값을 안전측으로 HPFRCC에 적용할 수 있다.

(4) HPFRCC의 휨인장 피로강도의 예를 그림 4.18에 나타냈다. 그림에서 HPFRCC의 휨인장 피로강도는 피로 사이클 수 N_u를 로그 표시하여 나타낼 수 있다. S는 피로하중

하에서 정적 휨강도에 대한 휨인장응력의 비를 나타낸 것이다. S가 0.5보다 작을 때는 피로파괴가 200백만 회 이상의 사이클에서도 나타나지 않는다.

$$S = 1.000 - 0.0098 \times \log(N_u) \qquad 1 \le N_u < 1 \times 10^4 \tag{4.5}$$

$$S = 1.595 - 0.0761 \times \log(N_u) \qquad 1 \times 10^4 \le N_u < 2 \times 10^6 \tag{4.6}$$

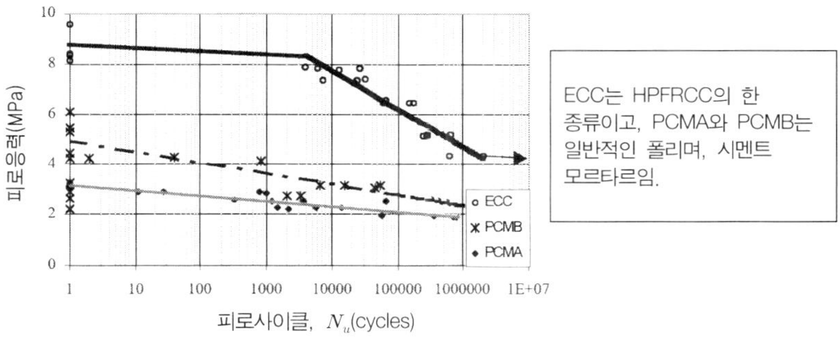

그림 4.18 **HPFRCC의 휨피로 시험 예**[66)]

4.3.10 최대 균열폭

HPFRCC의 최대 균열폭은 실험에 의한 기존 자료를 기준으로 정하는 것을 원칙으로 한다.

[해설] HPFRCC의 최대 균열폭은 규격 인장 극한변형률에 대응하여 발생한 균열폭의 최대값으로 정의한다. HPFRCC는 큰 인장변형이 발생하는 경우에 다수의 미세한 균열로 분산하여 각각의 균열이 기능상을 보수하며, 유해한 레벨폭으로 확장하지 않는 특징이 있다. 이 지침의 5장 시험 방법 3 "HPFRCC의 균열폭 측정 방법-평균 및 최대 균열폭"에 준하여 균열폭을 측정하였다. HPFRCC의 배합 및 섬유는 표 4.2 및 표 4.3과 같다. 하중을 인장변형률이 0.2, 0.5, 1.0%에 이를 때까지 재하하여 균열폭을 측정하였으며, 그 결과를 그림 4.19과 같으며, 균열폭은 0.2mm보다 작은 범위에서 분포하였다. 공시체 표면의 균열 발생 상태 예는 그림 4.20과 같으며, 이 표면에서의 균열을 확대하여 그림 4.21에 나타냈다. 표 4.9는 시험 방법 4에 의해 특정된 균열폭의 결과이다.

최대 균열폭은 섬유의 종류와 형상, 매트릭스의 물-시멘트비에 따라 다르게 제어될 가능성이 있다. 예를 들어 그림 4.22는 PVA섬유와 PE섬유에 따른 균열폭을 비교해 나타낸 것이다. PE섬유는 섬유 직경 0.038mm, 섬유 길이 19mm로 시멘트 페이스트의 물-시멘트비는 27%이다. 여기서 PE섬유를 사용한 HPFRCC의 균열폭이 PVA를 이용한 경우보다 크다는 것을 알 수 있다. PVA섬유에 비해 PE섬유와 매트릭스 사이의 상대적으로 작은 부착강도가 차이를 만들었다고 할 수 있다. 그러나 부착강도가 작은 PE섬유의 경우에도, 예를 들어 0.01mm 정도의 섬유직경을 선택한 경우, 그 균열 분포는 그림 4.19와 동등 이상의 균열 발생 가능성이 있다. 또한 부착강도는 당연히 매트릭스 배합의 영향을 받는데, 물-시멘트비가 증가할수록 부착강도는 감소하는 경향이 있으므로 최대 균열폭의 제어는 섬유의 종류, 형태뿐만 아니라 매트릭스 배합 또한 고려해야 한다.

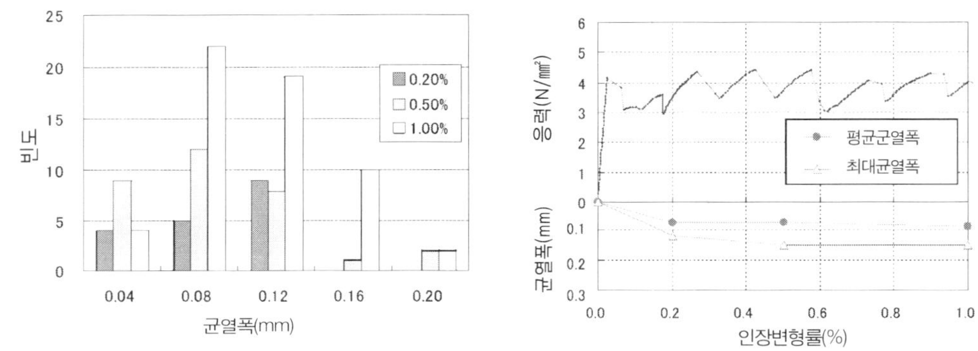

(a) 균열폭 분포 (b) 균열폭과 인장변형률 관계

그림 4.19 **균열폭 분포 측정 예**[66)]

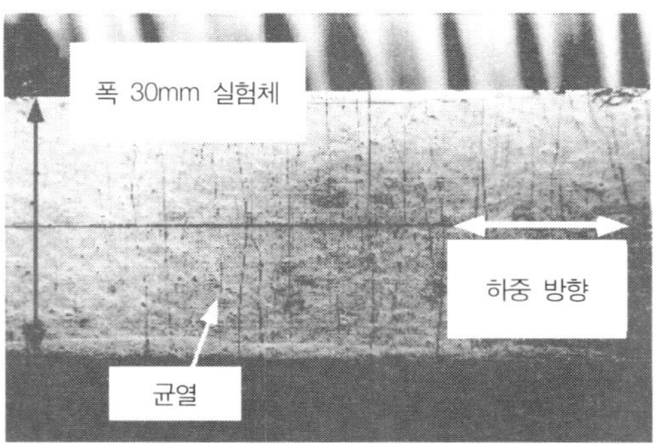

그림 4.20 **균열 확산**[66)]

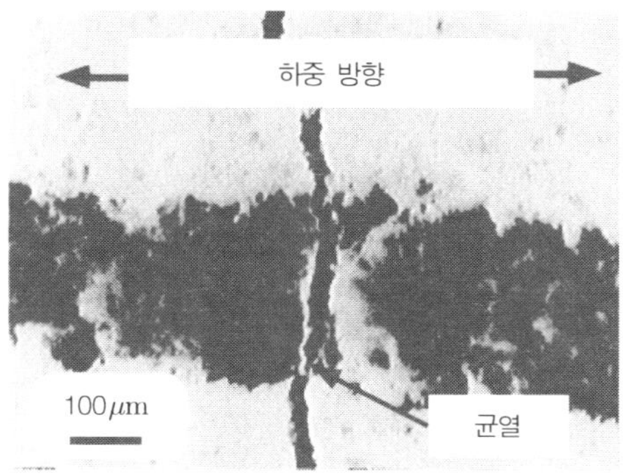

그림 4.21 **균열폭 측정 예**[66)]

표 4.9 **균열폭**[66)]

균열폭 변수	변형률 0.2%	변형률 0.5%	변형률 1.0%
평균 균열폭(mm)	0.073	0.088	0.088
변동계수(%)	39.7	62.7	42.4
최대 균열폭(mm)	0.12	0.15	0.15

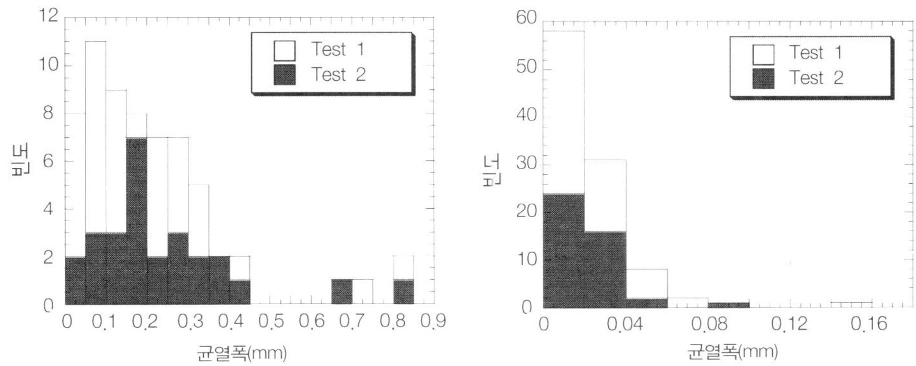

(a) 폴리에틸렌섬유 (b) PVA섬유

그림 4.22 **HPFRCC의 균열폭 분포 예**[66)]

4.4 하중과 구조 해석

4.4.1 하중

(1) 원칙적으로 콘크리트구조기준의 "제3장 해석과 설계원칙"에 의한다.

(2) 고정하중 계산을 위한 HPFRCC의 단위용적질량은 소정의 제조 방법에 의해 얻어진 실험값으로 설정한다.

[해설] (1) 하중은 일반적인 콘크리트의 경우와 차이점이 없다. 그러므로 이 장에서 제시하지 않은 사항은 콘크리트구조기준의 "제3장 해석과 설계원칙"에 의한다.

(2) HPFRCC의 단위용적질량은 제조과정에서 재료의 배합에 따라 결정되기 때문에 고정하중을 평가하기 위해서는 실제 질량을 측정해야 한다. 예를 들어 PVA섬유 혼입률 2%/vol인 ECC의 단위용적질량은 17~19kN/m^3이다.

4.4.2 구조 해석

원칙적으로 콘크리트구조기준의 "제3장 해석과 설계원칙"에 의한다.

4.5 구조물의 안전성 검토

4.5.1 일반사항

원칙적으로 콘크리트구조기준에 의한다.

4.5.2 휨모멘트 및 축하중에 대한 안전성 검토

1) 설계단면내력

(1) 원칙적으로 콘크리트구조기준에 의한다. 다만 아래의 식을 이용할 수도 있다.

(2) 축방향 압축을 받는 부재에 있어 축방향 압축내력의 상한값 N'_{oud}는 식 (4.7)에 의해 계산한다.

$$N'_{oud} = (k_1 f'_{cd} A_c + f'_{yd} A_{st})/\gamma_b \tag{4.7}$$

여기서, A_c : HPFRCC의 단면적

f'_{cd} : HPFRCC의 설계압축강도

A_{st} : 축방향 철근의 전단면적

f'_{yd} : 축방향 철근의 설계압축항복강도

k_1 : 강도의 저감계수

($1-0.003f'_{ck} \leq 0.85$, 여기서, f'_{ck} : 콘크리트 강도(N/mm^2))

γ_b : 부재계수, 일반적으로 1.3

(3) 휨모멘트 및 휨모멘트와 축방향력을 받는 부재의 설계단면내력을 계산하거나 1방향 슬래브 등과 같은 부재 단위폭에 대한 공칭휨내력을 계산하는 경우 이하의 (i)~(iii)의 가정에 근거한다. 이 경우 부재계수 γ_b는 1.1로 한다.

(i) 변형률은 단면의 중립축으로부터 거리에 비례한다.

(ii) HPFRCC의 응력-변형률 곡선은 설계인장항복강도 f_{tyd}'가 1.5N/mm^{2}보다 클 때는 3.3절에 의한다. f_{tyd}'가 1.5N/mm^{2}보다 작을 때는 HPFRCC의 인장응력은 무시한다.

(iii) 강재의 응력-변형률 곡선은 일반적인 콘크리트표준시방서「구조성능조사편」 3.3.3「응력-변형률 곡선」에 의한다.

[해설] (1) 일반적으로 HPFRCC의 적용은 독립적으로 사용되지 않고 기존 구조물과 결합한다. 그러므로 실험을 통해 검증하지 않는 이상 콘크리트구조기준에 준하는 것을 원칙으로 한다. 다만 일본 지침에서 적용하는 검토 방법을 도입하여 병용해 사용할 수 있도록 하였다.

(2) 축방향 압축력을 받는 부재에 있어 M_d/N_d'가 작은 경우, 시공에 의한 부재 축선의 휨 왜곡 등에 의해 휨모멘트의 편심이 증가하여 내하력은 상당히 저하한다. 이러한 영역을 고려하기 위해 설계압축내하력의 상한값을 설정하였으며 부재계수는 1.3으로 한다.

(3) HPFRCC는 일축인장 상태에서 유사변형경화 특성을 보이는 고인성 재료로, 안정적인 인장응력을 부담할 수 있다. 이러한 인장응력의 단면내력 기여분을 고려하여 극한한계상태 검토에 반영할 수 있다. 그러나 HFFRCC의 인장항복강도가 작은 경우에는 실험에 의해 단면내력에 기여분이 거의 없는 것으로 확인되었다. 그러므로 HPFRCC의 인장항복강도 f_{tyd}'가 1.5N/mm^{2}보다 클 때만을 대상으로 한다. 변형률 및 응력 분포의 개념을 그림 4.23에 나타냈다.

여기서 나타낸 휨내력 계산 방법은 콘크리트표준시방서에 준한 것으로 기존 실험을 통하여 검증되었으며, 여기서 부재계수 γ_b는 콘크리트표준시방서와 같게 1.1로 한다. 부재 두께 180mm, 인장측 70mm를 HPFRCC로 하여 슬래브 철근과 일체화한 시험체(그림 4.24)를 이용하여 휨내력 계산 방법을 검증한 결과를 그림 4.25에 나타냈다. (i)~(iii)의 가정을 이용한 해석(그림 중의 HPFRC C해석값)에 대한 실험 결과(그림 4.25의 ECC 측정)를 통해 계산 방법으로 평가할 수 있음을 확인하였다. 그림에서 HPFRCC를 이용하지 않은 보통 콘크리트를 이용한 철근콘크리트 구조(그림 중의 RC

측정) 결과 또한 나타냈으며, HPFRCC를 이용한 시험체의 휨내력이 커 HPFRCC의 보강효과를 확인할 수 있었다.

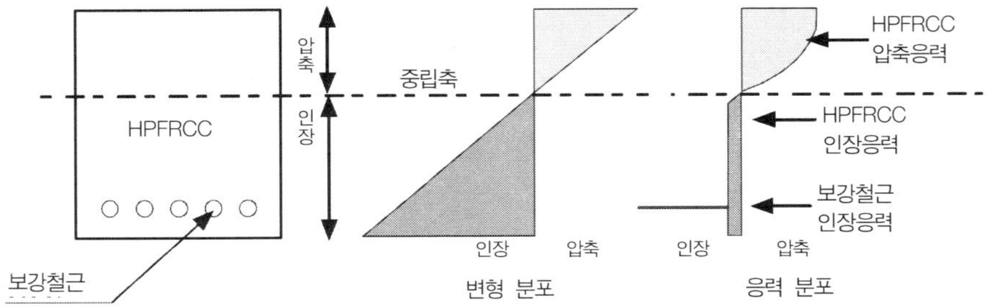

그림 4.23 **변형 및 응력 분포 개념**66)

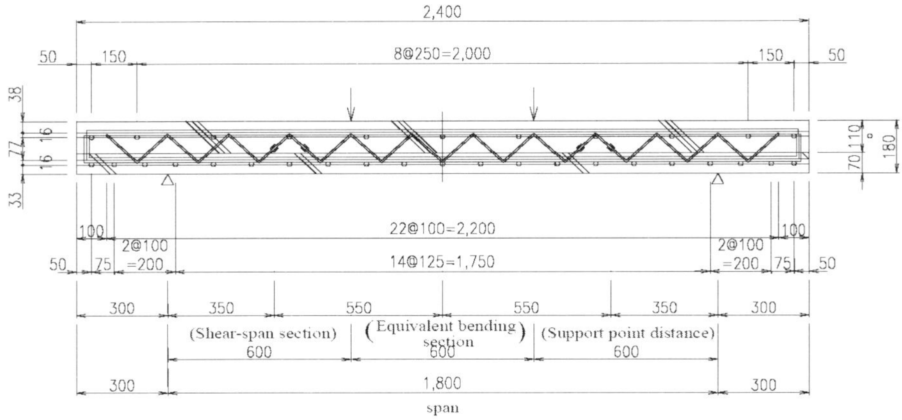

그림 4.24 **휨 시험체 개요**66)

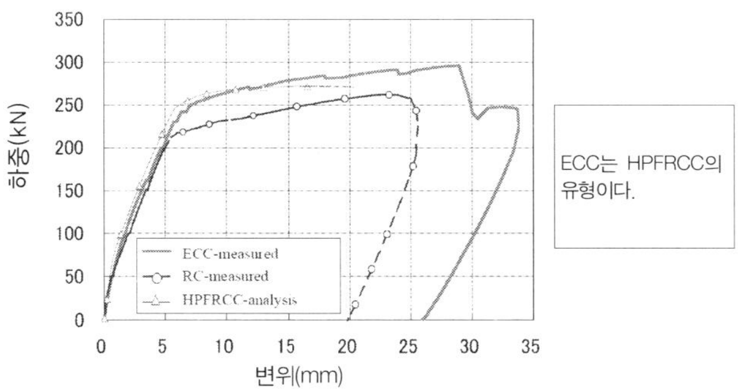

그림 4.25 **하중-변위 곡선**66)

2) 구조상세

콘크리트구조기준 제6장 「휨 및 압축」에 준한다.

[해설] 철근콘크리트 부재에서 인장철근비가 극도로 작아서 항복하중이 균열 발생 하중보다 작게 되면, 균열이 발생한 후 급격히 철근이 항복하거나 파단되는 취성파괴 모드가 될 수 있으며, 또한 균열이 한 곳에 집중하며 무근 콘크리트 파괴 성상이 나타나는 경우가 있다. 때문에 콘크리트구조기준에서는 최소 휨철근비를 규정하고 있다. 물론 HPFRCC는 연성 재료로서 유사변형경화 특성을 보이므로 인장응력 상태에서 안정적인 거동을 보일 수 있다. 이 때문에 실험 결과에서 주철근비가 0.2%보다 작은 경우에도 균열에 의한 취성적인 파괴는 보이지 않는다는 것이 확인되었다. 그러나 충분한 자료가 확보되지 않았기 때문에 콘크리트구조기준 제6장 「휨 및 압축」에 준하도록 한다.

4.5.3 전단력에 대한 안전성 검토

1) 일반사항

이 절에 기재된 사항을 제외한 부분은 콘크리트구조기준 제7장 전단과 비틀림에 준한다.

2) 봉 부재의 설계전단 내력

(1) 원칙적으로 콘크리트구조기준 제7장 전단과 비틀림에 준하지만 아래의 식을 이용할 수 있다.

(2) HPFRCC와 보강철근으로 구성된 보 부재의 설계전단내력 V_{yd}는 식 (4.8)에 의해 구한다.

$$V_{yd} = V_{cd} + V_{sd + V_{fd}} + V_{ped} \tag{4.8}$$

여기서, V_{cd} : 보강용 섬유의 분담분을 제외하고, 전단보강재를 이용하지 않은 보 부재의 설계전단내력으로 식 (4.9)와 같다.

$$V_{cd} = \beta_d \beta_p \beta_n f_{vcd} b_w d/\gamma_b \quad (4.9)$$

$$f_{vcd} = 0.7 \times 0.20 \sqrt[3]{f'_{cd}} \ (\mathrm{N/mm^2}) \text{ 여기서, } f_{vcd} \leqq 0.50 \ (\mathrm{N/mm^2}) \quad (4.10)$$

$\beta_d = \sqrt[4]{1/d}$ $(d:\mathrm{m})$ 단 $\beta_d > 1.5$의 경우는 1.5로 한다.

$\beta_p = \sqrt[3]{100\rho_w}$ 단 $\beta_p > 1.5$의 경우는 1.5로 한다.

$\beta_n = 1 + M_0/M_d$ ($n'_d \geqq 0$의 경우) 단 $\beta_n > 2$의 경우는 2로 한다.

$\beta_n = 1 + 2M_0/M_d$ ($n'_d < 0$의 경우) 단 $\beta_n < 2$의 경우는 0로 한다.

N'_d : 설계축방향 압축력

M_d : 설계휨모멘트

M_0 : 설계휨모멘트 M_d에 대한 인장연단에 있어, 축방향력에 의해 발생하는 응력을 소거하는 데 필요한 휨모멘트

b_w : 부재의 폭

d : 유효깊이

ρ_w : $A_s/(b_w d)$

A_s : 인장측 강재의 단면적

f'_{cd} : 콘크리트의 설계압축강도(N/mm²)

γ_b : 1.3

V_{sd} : 전단보강재가 부담하는 설계전단내력으로 식 (4.11)과 같다.

$$V_{sd} = [A_w f_{wyd}(\sin\alpha_s + \cos\alpha_s)/s_s] z/\gamma_b \quad (4.11)$$

A_w : 구간 S_s에 있어 전단보강철근의 총단면적

f_{wyd} : 전단보강철근의 설계항복강도로써, 400N/mm² 이하

α_s : 전단보강철근이 부재의 축과 이루는 각도

s_s : 전단보강철근의 배치간격

z : 압축응력 합력의 작용위치에서 인장강재 도심까지의 거리로, 일반적으로 $d/1.15$

γ_b : 일반적으로 1.1

V_{fd} : 보강용 섬유에 의해 부담하는 설계전단내력으로 식 (4.12)와 같다.

$$V_{fd} = (f_{vd}/\tan\beta_u) b_w z/\gamma_b \quad (4.12)$$

f_{vd} : HPFRCC의 설계인장항복강도, $f_{vd} = 0$ ($f_{vd} < 1.5\mathrm{N/mm^2}$)

β_u : 축방향과 경사 균열면의 각도, 단 β_u는 45°

γ_b : 일반적으로 1.3

V_{ped} : 축방향 프리스트레스트 강재 유효 인장력의 전단력에 대한 수평 방향 성분으로 식 (4.13)과 같다.

$$V_{ped} = P_{ed} \sin\alpha_P / \gamma_b \tag{4.13}$$

P_{ed} : 축방향 프리스트레스트 강재의 유효인장력

α_P : 축방향 프리스트레스트 부재가 부재축과 이루는 각도

γ_b : 일반적으로 1.1

(4) 철근콘크리트 구조의 일부에 HPFRCC를 배치하여 보강한 부재의 설계전단내력은 실험 등의 적절한 방법에 의해 결정해야 한다. 그러나 HPFRCC와 콘크리트가 적절한 방법으로 일체화되어 있는 부재의 전단내력은 HPFRCC를 콘크리트로 치환하여 일본 콘크리트표준시방서[구조성능 검토편][69] 6.3.3 「보 부재의 설계전단력」에 의해 설계전단내력을 구할 수 있다.

(5) 전단력에 저항하는 복부 콘크리트의 설계경사 방향 압축내력 V_{wcd}는 식 (4.14)에 의해 구한다.

$$V_{wcd} = f_{wcd} b_w d / \gamma_b \tag{4.14}$$

여기서, f_{wcd} : $1.25\sqrt{f_{cd}'}$ (N/mm^2) $f_{wcd} \leq 7.8\ (\text{N/mm}^2)$ 일 때,

γ_b : 일반적으로 1.3

[해설] (1) 4.5.1절과 같이 일본 지침을 병용할 수 있다.

(2) 식 (4.8)과 같이 설계전단내력 V_{yd}는 HPFRCC의 매트릭스 분담분 V_{cd}, HPFRCC의 보강용 섬유 분담분 V_{fd} 및 전단보강재의 분담분 V_{sd}의 합으로 나타낼 수 있다. 이것은 HPFRCC에 보강용 섬유의 큰 저항력을 고려할 수 있는 장점을 가지고 있다. 설계에서 보강용 섬유의 효과에 관한 식의 유도는 일본 「초고강도 섬유보강 콘크리트의 설계·시공지침 (안)」의 식을 준용한다. 매트릭스의 분담분은 일본 콘크리트표준시방서[구조성능 검토편][69]에 준한다. 그러나 V_{yd}는 HPFRCC가 사용 상태에서 균열을 허용하기 때문에 0.7로 저감을 가정하였다.

그림 4.27에 그림 4.26 시험체를 이용하여 전단내력 식을 검증한 결과를 나타냈다. 시험체 A는 섬유혼입률이 1.5%, 2.0%, 전단보강근비가 0%, 0.15%, 003%이다. 시험체 B는 섬유혼입률이 2%, 전단보강근비가 0%이다. 그림 4.27은 식 (4.8)에 의한 전단내력이 안전측으로 평가되는 것을 보여준다. 그러나 이 실험 결과는 매우 제한된 것이기 때문에 단면이 높거나 보강비가 다른 경우에는 실험 등의 적절한 방법으로 확인할 필요가 있다.

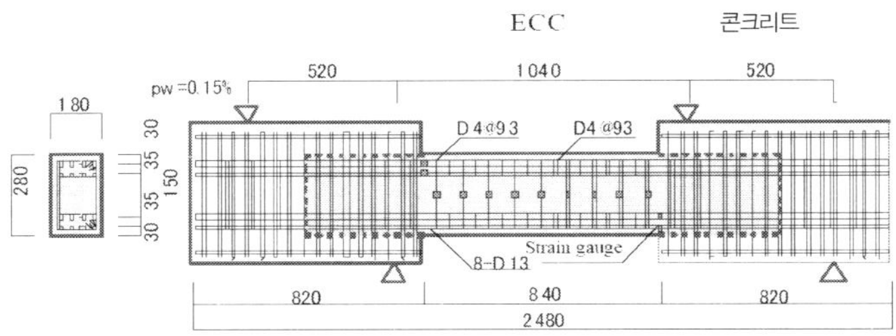

(a) 실험체 A

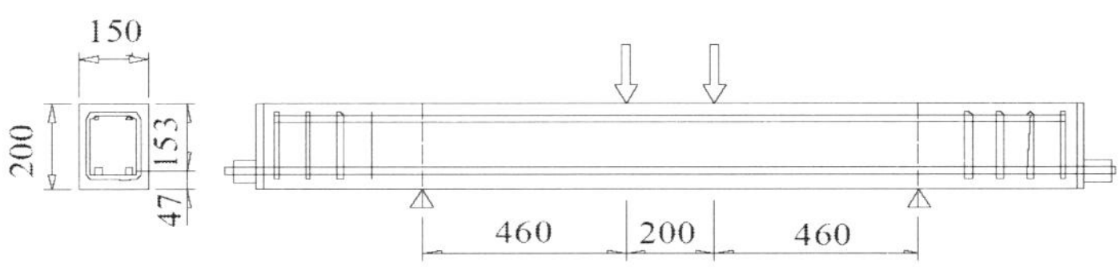

(b) 실험체 B

그림 4.26 **전단 시험체 개요**[66)]

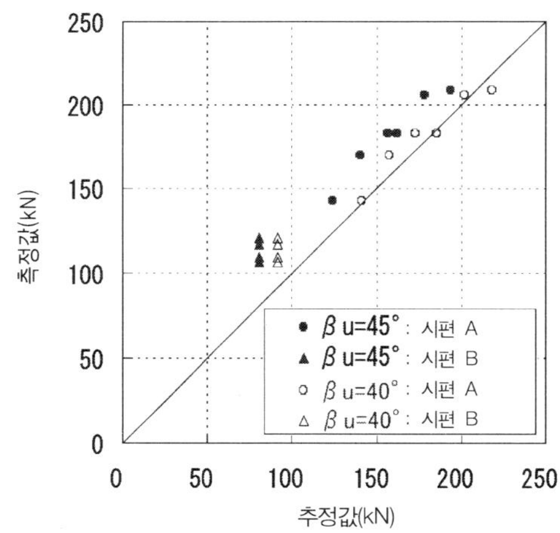

그림 4.27 **실험값과 계산값의 비교(계산값의 안전계수는 1.0)**[66)]

「초고강도 섬유보강 콘크리트의 설계 · 시공지침 (안)」에서 축력이 없는 경우의 β_u에 대한 값은 40°이다. HPFRCC에서도 축력이 없는 경우 β_u에 대한 값은 40°로 설정한다. 이것은 안전측으로 평가된다는 것을 의미한다. 여기서는 신뢰할 만한 시험자료가 축적에 의하여 β_u에 대한 값을 40°로 설정하였다.

(3) 철근콘크리트 구조의 일부분에 HPFRCC를 배치하여 보강한 부재의 전단내력은 부재 단면의 적용 부위에 따라 보강 메커니즘이 다르기 때문에 이를 합리적으로 평가하기는 매우 어렵다. 그러므로 이 지침에서는 시험과 같은 적절한 방법을 이용하거나 HPFRCC를 일반 콘크리트로 대체해서 설계전단내력을 확인할 것을 권장한다. 이러한 간편 평가 방법은 HPFRCC의 전단내력 기여분 중에서 섬유효과가 충분히 크며, V_{yd}는 V_{cd}가 0.7계수로 감소함에도 불구하고 등가의 콘크리트 전단내력보다 충분히 크기 때문에 안전측에 있다.

3) 면 부재의 뚫림전단내력

(1) 원칙적으로 콘크리트구조기준 제7장 「전단과 비틀림」에 준하지만 아래의 식을 이용할 수 있다.

(2) 국부하중을 받는 면 부재의 설계뚫림전단강도 V_{pd}은 시험 등과 같은 적절한 방법에 의해 계산해야 한다.

(3) 시험 등과 같은 적절한 방법이 없는 경우에는 식 (4.15)를 이용하여 설계뚫림 전단강도 V_{pd}를 구할 수 있다.

$$V_{pd} = V_{pcd} + V_{pfd} \tag{4.15}$$

여기서, V_{pcd} : 보강용 섬유의 분담분을 제외한 설계뚫림전단내력으로 식 (4.16)과 같다.

$$V_{pcd} = \beta_d \, \beta_p \, \beta_r \, f_{pcd}' \, u_p \, d / \gamma_b \tag{4.16}$$

$$f_{pcd}' = 0.7 \times 0.20 \sqrt[3]{f'_{cd}} \, (\mathrm{N/mm^2}) \text{ 여기서, } f_{pcd} \leq 0.84 (\mathrm{N/mm^2}) \tag{4.17}$$

$\beta_d = \sqrt[4]{1/d}$ $(d : \mathrm{m})$ 단 $\beta_d > 1.5$의 경우는 1.5로 한다.

$\beta_p = \sqrt[3]{100\rho_w}$ 단 $\beta_p > 1.5$의 경우는 1.5로 한다.

$\beta_r = 1 + 1/(1 + 0.25\,u/d)$

f'_{cd} : 콘크리트의 설계압축강도(N/mm^2)

u : 재하면 주변 길이

u_p : 설계단면의 주변 길이로 재하면에서 1/2 이격한 위치

d, p : 유효높이 및 철근비로 2방향 철근에 대한 평균값

γ_b : 1.3

V_{pfd} : 보강용 섬유에 의해 부담하는 설계뚫림전단내력으로, 식 (4.18)과 같다.

$$V_{pfd} = f_{vd}\, u_p\, d/\gamma_b \tag{4.18}$$

f_{vd} : HPFRCC의 경사균열 직각 방향 설계인장항복강도

단, $f_{vd} = 0\,(f_{vd} < 1.5\,\mathrm{N/mm^2})$

γ_b : 일반적으로 1.3

[해설] (2) 슬래브와 같은 면 부재에 국부적인 하중이 작용하는 경우는 뚫림전단파괴가 일어나는 경우가 있다. 이론적으로 슬래브의 뚫림전단강도를 계산하기는 매우 어렵기 때문에 실험 등과 같은 적절한 방법에 의해 구할 필요가 있다. 시험 등의 적절한 방법이 없는 경우 설계뚫림전단강도는 보강용 섬유의 분담분을 제외한 설계뚫림전단강도와 보강용 섬유에 의해 부담하는 설계뚫림전단강도의 합으로 구할 수 있다. 다만 V_{pcd}는 HPFRCC가 사용한계상태에서 균열을 허용하기 때문에 70%로 가정한다.

4) 면내력을 받는 면 부재의 설계전단강도

면내력은 HPFRCC 면 부재에 대한 설계부재강도로 고려한다.

[해설] HPFRCC는 안정한 인장응력 부담은 면내력을 받는 면 부재의 설계강도에 기여한다. 이러한 이유로 설계부재력은 보강철근의 배열 방향과 상관없이 주면내력으로 가정한다.

5) 면내력을 받는 면 부재의 설계강도

HPFRCC를 이용한 경우 면 부재의 설계강도는 시험 등의 적절한 방법을 통해 계산한다.

[해설] HPFRCC가 부담하는 면 부재의 설계강도에 관해서는 실험데이터가 충분하지 않기 때문에 시험 등의 적절한 방법으로 계산하야 한다.

6) 설계전단 전달내력

HPFRCC를 이용한 경우 설계전단 전달내력은 시험 등의 적절한 방법을 통해 계산한다.

[해설] HPFRCC의 전단 전달내력에 관해서는 실험데이터가 충분하지 않기 때문에 시험 등의 적절한 방법으로 계산해야 한다.

7) 구조 상세

(1) HPFRCC의 설계인장항복강도가 1.5N/mm^{2}보다 큰 경우, 최소 스터럽 수를 특별히 규정하지 않는다. 그러나 전단보강근 양이 0.15%보다 큰 경우에는 전체 길이에 대하여 배치해야 한다. 스터럽 간격은 유효깊이의 3/4, 400mm보다 작아야 한다. 이 규정은 면 부재에는 적용할 수 없다.

(2) 보 부재에 계산상 전단보강재가 필요한 경우, 유효깊이의 1/2, 300mm보다 작아야 한다. 또한 계산상 전단보강재가 필요한 구간 이외에 유효깊이 만큼 동일한 전단보강근을 배치해야 한다.

(3) 스터럽을 인장영역에 정착하는 경우에는 실험 등의 적절한 방법에 의해 확인할 필요가 있다.

[해설] (1) 그림 4.28에 나타낸 것처럼 인장항복강도가 3N/mm^{2}인 HPFRCC 보 시험체의

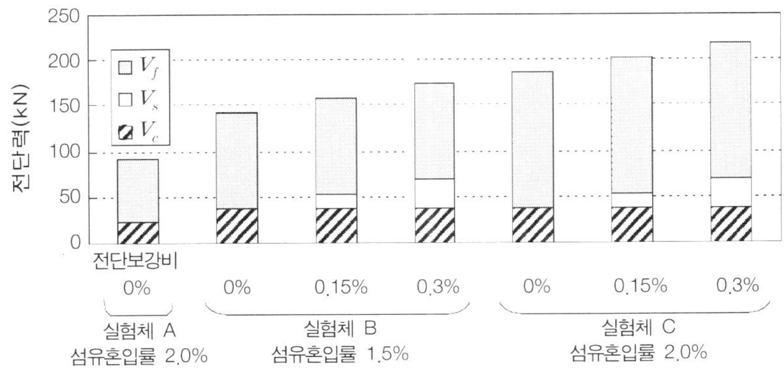

그림 4.28 **계산값에 의한 전단력 분담**[66)]

경우, 보강섬유 0.15%에 의해 부담하는 전단력이 전단보강근비 0.15%의 전단력 부담에 5배로 나타났다. HPFRCC 보는 경사균열 직각 방향으로 섬유가 인장응력을 부담하기 때문에 사인장 균열이 발생한 이후에도 취성적인 파괴가 발생하지 않는다. 그러므로 최소 전단보강근비를 규정하지 않았다.

(2) 전단보강근이 필요한 경우, 스터럽의 배치는 콘크리트구조기준 제7장「전단과 비틀림」에 따른다.

(3) HPFRCC는 미세한 고밀도의 복수 균열을 형성하는 고인성 재료이기 때문에 스터럽을 인장영역에 정착하는 경우에도 부착력을 기대할 수 있다. 그러나 아직까지 인장영역에 정착한 경우 부착력을 충분히 확인하지 못했기 때문에 실험과 같은 적절한 방법을 통해 확인해야 한다.

4.5.4 비틀림에 대한 안전성 검토

(1) 원칙적으로 콘크리트구조기준 제7장「전단과 비틀림」에 따른다.

(2) 초기 비틀림 균열 이후 HPFRCC의 비틀림 내력은 시험 등과 같은 적절한 방법을 통해 계산한다.

[해설] 비틀림 균열 발생 이후 HPFRCC의 비틀림 내력은 시험자료가 충분히 확보되어 있지 못하기 때문에 시험 등과 같은 적절한 방법을 통해 검토를 진행할 필요가 있다.

4.5.5 피로에 대한 안전성 검토

(1) 원칙적으로 콘크리트구조기준 제4장「사용성 및 내구성」에 따른다.

(2) 피로에 대한 안전성을 검토해야 하는 경우에는 적절한 실험이나 합리적인 식을 적용하고 검증해야 한다.

[해설] (1) 일반적으로 건축물에 HPFRCC를 적용하는 경우 피로에 관한 검토는 부재 내 응력을 제한하여 검토하지 않는다.

(2) 토목 구조물의 피로에 대한 안전성을 검토하는 경우에 대하여, HPFRCC는 균열 면에서 무작위로 분산된 보강섬유의 가교효과로 균열 발생 및 진전을 억제한다. 다수 미

세균열의 형성은 높은 에너지 흡수 성능을 가능하게 하고, 국부적인 균열의 억제에 의하여 높은 피로 저항성능에 기여한다.

일반적으로 재료의 피로강도에 근거한 피로에 대한 안전성 검증 흐름도를 그림 4.29에 제시하였다. 물론 피로에 대한 안전성을 검토해야 하는 경우에는 적절한 실험이나 합리적인 식을 적용하고 이를 검증해야 한다.

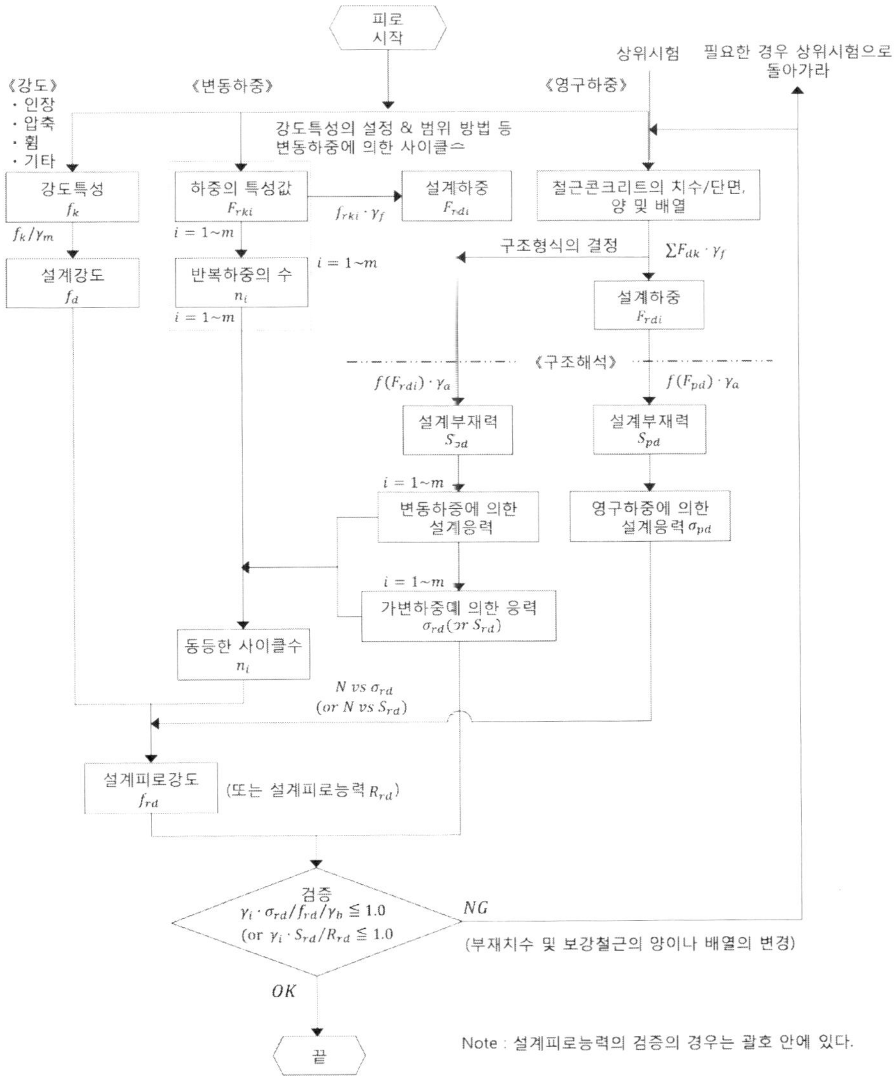

그림 4.29 **피로한계상태의 검토 플로 예**[66]

4.6 구조물의 사용성 검토

4.6.1 일반사항

(1) HPFRCC를 갖는 구조물은 설계사용연한 동안 사용성을 만족해야 한다.

(2) 구조물이나 구조 부재는 설계하중하에서 사용성 한계상태에 도달되지 않도록 하기 위해서 구조물의 사용성은 기본적으로 검증되어야 한다.

(3) 사용성 한계상태는 응력, 변형률, 변위/변형, 균열, 진동과 같은 지표에 의해서 표현될 수 있으며 적절한 방법에 의해 검증되어야 한다.

(4) 필요하다면, 다른 사용성 한계상태는 적절한 방법에 의해서 실험 및 검증되어야 한다.

[해설] 구조물이나 구조 부재는 설계사용연한 동안 그들의 사용 목적에 부합하는 충분한 기능을 유지해야 한다. 설계사용연한 동안 필요한 기능은 구조적인 안전성, 편의성, 수밀성, 심미성, 내구성을 포함한다. 필요한계상태는 각각 필요한 기능에 따라 결정되어야 하고 정확 및 적용 가능한 영역을 구분하여 적절한 방법에 의해 검증되어야 한다.

4.6.2 응력 및 변형률 계산

사용성에 대한 한계상태에서 HPFRCC와 철근의 응력 및 변형률의 계산은 다음과 같은 가정에 기초한다.

(i) 변형률은 단면의 중립축의 거리에 따라 비례한다.

(ii) HPFRCC는 압축 상태에서는 선형탄성이며 인장 상태에서는 4.3절에서 제시한 인장응력-변형률 관계 곡선을 따른다.

(iii) 철근은 선형탄성이다.

(iv) HPFRCC의 탄성계수는 4.3절과 같다.

[해설] 사용성 검토를 위해서는 단면에서 응력 및 변형률의 계산이 필요하다. 계산과정에서 HPFRCC는 압축 상태에서는 탄성으로 가정한다. 또한 인장 상태에서는 인장성능을 고려하기 위하여 완전탄소성으로 가정한다. HPFRCC는 일축인장 상태에서 철근의

변형-경화형 특성과 유사한 특성을 보인다. 그러므로 사용성 한계상태에서 HPFRCC는 그림 4.30과 같이 인장응력을 지지할 수 있다. HPFRCC의 인장강도는 인장항복강도보다 크지만 설계를 위한 인장영역에서 응력-변형률은 철근과 유사하게 다뤄지며, 그림 4.31에 나타난 완전탄소성체로서 거동하는 것으로 가정한다. 또한 인장 상태에서의 탄성계수는 압축의 경우와 동일하다고 가정한다. HPFRCC의 인장응력이 장기하중에 의해 탄성한계를 초과할 때, 응력 및 변형률의 계산은 HPFRCC의 크리프 변형을 적절하게 고려하여 계산하는 것도 유의해야 한다.

HPFRCC만으로 구성된 실험체의 응력과 변형률 분포 예는 그림 4.30과 같다. 콘크리트의 인장응력은 무시하기 때문에 응력 분포는 보통 콘크리트의 인장응력을 무시하여 단지 HPFRCC의 인장응력만을 고려하여 평가한다. 이때 부재의 인장측에 배치된 5mm 이상의 HPFRCC는 정확한 시공을 통하여 균열폭을 제어할 수 있는 다중 미세균열이 형성되어야 하며 이를 실험을 통해 검증해야 한다.

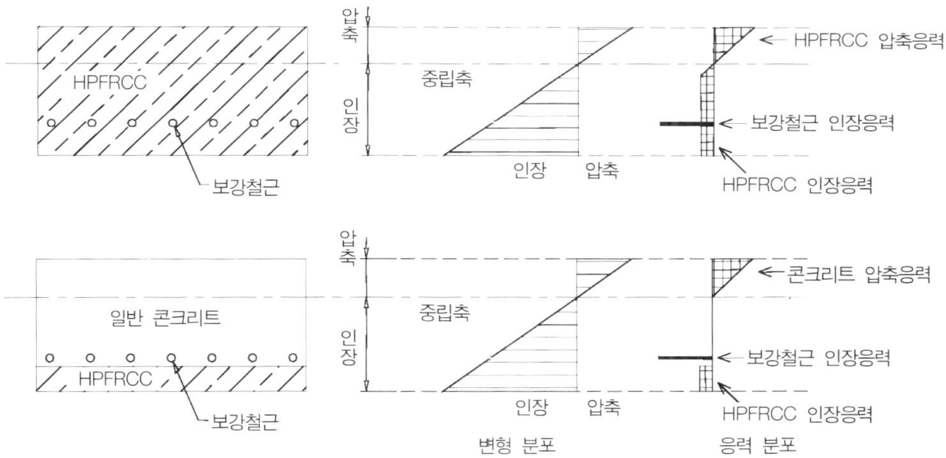

그림 4.30 **변형 분포와 응력 분포의 개념도**[66)]

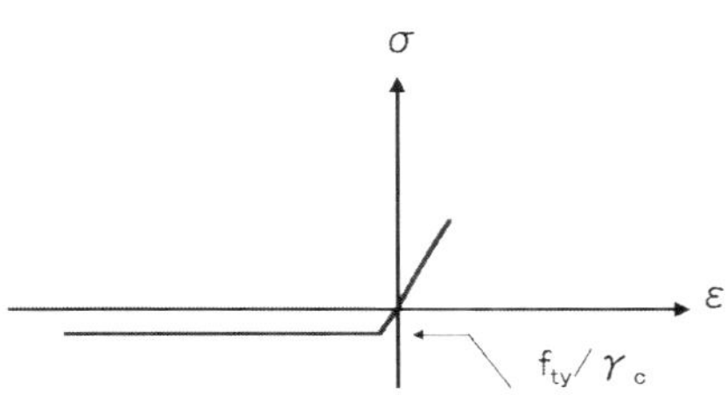

그림 4.31 **사용한계상태 단면 계산에 사용된 HPFRCC의 응력변형률 관계**[66)]

4.6.3 변형률 제한값

휨모멘트와 축력에 의한 HPFRCC의 인장변형률은 적절한 시험으로 결정된 한계값을 초과하지 않아야 한다.

[해설] HPFRCC는 우수한 균열 분산성과 균열폭을 제어할 수 있는 성능을 가진다. 예를 들어 0.2mm 이하의 다중 미세균열 상태에서 0.2~1%의 인장변형률을 가질 수 있다. HPFRCC의 균열폭과 인장변형률 사이의 관계는 인장 시험을 통해서 확인해야 한다. 또한 사용성 검토에서 인장변형 한계값은 극한인장변형률에 대하여 충분한 안전율을 갖는 것이 좋다. 이것은 HPFRCC가 직접인장응력 상태에서 변형률 경화 특성을 보이고, 인장 크리프 시험 시 설계인장항복강도에서 인장 크리프 파괴가 발생하지 않는 것을 확인해야 한다는 의미이다.

일반적으로 HPFRCC의 인장변형 능력은 철근의 항복변형률보다 5~10배 정도 크다. 그러므로 HPFRCC를 철근-HPFRCC 합성 구조물에 적용할 때, 구조물의 특성을 고려하여 적절한 시험을 통해 인장변형률의 한계값을 결정할 수 있다. 또한 반복하중이 사용성 상태에서 고려될 때는 인장변형률의 한계값을 0.2~0.5% 영역으로 놓이게 하여 설계 극한인장 변형률보다 작게 하는 것이 좋다.

4.6.4 인장변형률에 대한 검토

(1) 휨모멘트와 축력에 의한 HPFRCC의 인장변형률은 4.6.3절에 나타난 한계값을 초과하지 않아야 한다.

(2) 전단력, 비틀림 모멘트와 축력을 받는 경우의 인장변형률은 4.6.3절에서 주어진 한계값을 초과하지 않아야 한다.

[해설] (1) 이 지침에서는 사용하중 상태에서 HPFRCC가 변형-경화 특성을 보이고 다수의 미세균열을 허용하고 있다. 그러므로 균열 발생 이후 인장변형률을 결정하는 방법이 규정되어야 한다. 인장변형률은 HPFRCC의 미세균열폭에 대한 제어능력을 상실하는(즉, 매크로 균열로 진전되는) 한계값보다 작아야 하며 실험 결과보다 안전측의 변형률을 적용하는 것이 좋다.

(2) 조합응력이 휨모멘트와 축력과 다를 때, 적절한 해석에 의해 평가된 인장변형률은 인장변형률을 확보할 수 있는 한계값보다 작아야 한다.

4.6.5 균열 실험

1) 일반사항

(1) 휨모멘트, 전단력, 비틀림 모멘트, 그리고 축력에 의한 HPFRCC의 균열은 구조물의 안전성과 사용성 문제에 대하여 적절한 방법으로 규명해야 한다.

(2) 염화이온과 이산화탄소의 침투에 의해 발생한 철근 부식을 허용하지 않고 내구사용연한 동안 구조물의 소요성능의 저하가 발생하지 않도록 환경에 대한 내구성에 관한 균열 시험은 규정된 환경적인 조건하에서 HPFRCC 표면의 균열폭으로 제어해야 한다. 시험은 5장에 명시된 방법으로 다음과 같이 (i)과 (ii)에서 확인할 수 있다.

(i) HPFRCC의 균열폭은 규정된 환경조건, 피복 두께, 설계사용연한 및 기타 여건하에서 결정된 철근 부식에 대한 허용균열폭보다 작아야 한다.

(ii) 규정된 환경조건, 피복 두께, HPFRCC 품질 수준, 그리고 균열폭하의 HPFRCC에서 철근의 예측된 염화물이온 농도는 설계사용연한 동안 철근 부식이 발생되는 시점에서의 허용농도보다 작아야 한다.

물론 임시 가설물, 매우 짧은 설계내구수명을 갖는 구조물과 표면 보호막을 갖는 구조물은 균열의 평가가 필요하지 않다.

(3) 수밀성이 중요한 요인인 경우 적절한 허용균열폭이 규정되어야 하고, 이 균열폭은 허용값보다 작아야 한다.

(4) 외관이 중요한 요인인 경우 적절한 허용균열폭이 규정되어야 하고, 이 균열폭은 허용값보다 작아야 한다.

[해설] (1) 구조물의 균열은 철근 부식으로 인해 사용성이나 안전성과 같은 성능 저하를 초래할 수 있다. 그러므로 HPFRCC의 균열은 안전성, 사용성, 그리고 환경 저항성과 같은 항목들에 대하여 적절한 방법으로 평가해야 한다.

HPFRCC 구조물의 균열을 초래하는 다양한 경우 중에서, 이 절에서는 하중, 특히 휨모멘트, 전단력, 비틀림 모멘트, 그리고 축력에 의해 발생하는 균열을 주요 대상으로 하고 있다. 한편, 내구수명 기간에 구조 시스템을 변경하는 경우, 그로 인해 응력이 추가되는 경우에는 이를 고려하여 평가해야 한다.

(2) 균열의 항목으로 환경에 대한 저항성을 검증할 때, 염화물이온 침투에 의한 부식으로부터 철근의 보호는 균열폭에 대한 제어성능뿐만 아니라 피복 두께와 HPFRCC 품질에 의해 조절할 수 있다. 이 사실에 근거하여, 근본적으로 환경에 대한 저항성을 위한 균열 한계상태에 대한 검토는 균열폭이 허용값보다 작아야 하고 철근의 예상 염화물이온 농도를 내구수명 동안에 초기 철근 부식에 대한 허용값보다 작게 함으로써 확인할 수 있다.

HPFRCC 재료는 충분히 만족할 만한 균열폭을 제어하는 성능을 확보하고 있다. 또한 분산된 미세균열이 발생한 HPFRCC에 대한 염화물이온의 투과성은 HPFRCC에서 최대 균열폭과 변형률을 사용하여 평가할 수 있다. 그러므로 균열폭-인장변형률-염화물이온 투과성의 상관관계가 실험에 의해서 결정된다면 인장변형률, 균열, 그리고 환경에 대한 저항성에 대한 종합적인 검토가 가능하다고 할 수 있다.

(3) 수밀성이 중요한 요소인 경우 균열의 검토는 균열의 발생 또는 균열폭의 제한에 따라 이루어져야 한다.

(4) 외관이 중요한 요인인 경우 필요하다면 허용균열폭이 규정되어야 하고 내구성에 대해서 균열의 검토는 유사한 방법으로 이루어져야 한다.

2) 허용균열폭

원칙적으로 콘크리트구조기준 부록 III 「허용균열폭」을 따른다.

[해설] 균열폭을 제어하는 성능은 HPFRCC를 사용하는 구조용 부재의 주요 특징이다. 기존 연구는 HPFRCC의 균열폭이 주어진 단면치수 또는 하중 상태하에서의 구조 특성이라기보다 재료 특성으로 간주될 수 있다. 따라서 HPFRCC를 사용한 구조 부재의 설계를 위해 염화물이온 침투와 같은 환경에 대한 저항성은 KS F 4042 등을 통해서 HPFRCC의 균열제어 특성을 확인해야 한다. 그러나 보통 철근콘크리트 부재에 허용되는 균열폭보다 큰 범위를 초과한 HPFRCC의 사용은 중요하지 않고 균열폭의 범위에 있는 데이터가 충분하지 않으므로, 본 지침에서는 보통 철근콘크리트의 허용균열폭 범위와 같게 설정하였다.

3) 환경조건의 구분

원칙적으로 콘크리트구조기준 부록 III-2 「노출 환경」을 따른다.

4) 휨균열의 검토

(1) 균열모멘트에 의한 HPFRCC의 인장응력이 HPFRCC의 균열강도보다 작은 경우 휨균열폭의 검토는 필요하지 않다.

(2) 균열폭은 HPFRCC의 인장변형률로부터 얻어진 최대 균열폭이 4.6.5의 2)에 규정된 허용균열폭보다 작다는 것을 확인하여 검토되어야 한다.

(3) 최대 균열폭과 인장변형률의 관계는 원칙적으로 일축 인장시험에 의해 결정되어야 한다.

[해설] (1) 사용성의 한계상태에서 휨균열이 발생하지 않는다면 휨균열의 검토는 필요하지 않다. 그러나 사용한계상태의 검토를 제외한 온도균열과 같은 균열 발생의 위험이 높은 경우, 래킹(racking)을 방지하기 위해 적절한 방법을 사용한 검토가 이루어져야 한다. 특히 자기수축에 의한 인장응력은 고분말 HPFRCC에서 매우 중요하므로 반드시 고려해야 한다.

(2), (3) 보통 콘크리트와 달리 HPFRCC는 균열폭을 제어하는 성능을 가지고 있다. 일축 인장 시험(5장 시험 방법 2, 3 및 4 참조)에서 얻은 HPFRCC의 응력-변형률 관계와 균열폭-변형률 관계에 대하여, 철근 보강된 HPFRCC와 단일 HPFRCC 사이의 균열폭의

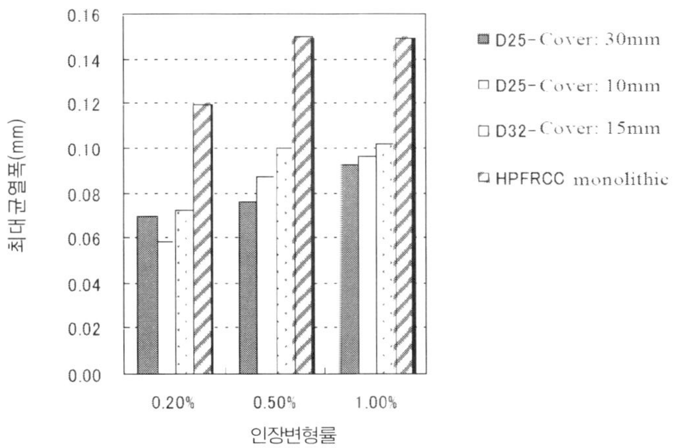

그림 4.32 **인장실험하에서 철근으로 보강된 HPFRCC와 단조 HPFRCC 사이의 최대 균열폭의 비교**[66)]

비교를 그림 4.32에 나타냈다. 철근으로 보강된 HPFRCC의 균열폭은 철근 보강되지 않은 경우에 비해 작거나 같다. 그러므로 HPFRCC의 균열폭과 인장변형률의 관계는 보강철근이 없는 재료 시험으로부터 도출된 설계식을 사용함으로써 보수적으로 설계할 수 있다.

5) 구조 상세

HPFRCC의 최대 균열폭의 특성값이 4.6.5의 2)에 나타난 허용균열폭보다 작다면, 온도 변화와 건조수축에 의한 균열을 제어하기 위한 추가 보강은 필요하지 않다.

[해설] HPFRCC는 균열폭 제어능력을 갖는다. 그러므로 HPFRCC의 최대 균열폭의 특성값이 허용균열폭보다 작다면 추가 보강은 필요치 않다.

4.6.6 처짐과 변위의 검토

(1) 단기 처짐 및 변위는 HPFRCC의 응력-변형률 관계를 사용하여 평가할 수 있다.
(2) 장기 처짐과 변위는 HPFRCC의 응력-변형률 관계를 사용하고 크리프 및 건조수축 효과를 고려함으로써 평가할 수 있다.

[해설] 이 지침에서는 원칙적으로 HPFRCC의 인장성능을 구조설계에 포함한다. 그러므로 처짐이나 변위의 계산에서도 HPFRCC의 응력-변형률 관계를 이용하며, 이때 곡선은 완전탄소성이라고 가정한다. 이러한 근거는,

- 다수의 미세균열이 HPFRCC에서 발생하므로 균열영역에서 응력-변형률 곡선은 평균값과 동일하다.
- 반복하중을 받는 일반 철근콘크리트 부재의 처짐 계산을 위하여 사용하는 환산 단면2차모멘트는 콘크리트의 인장응력이 무시되는 균열 단면2차모멘트와 거의 동일하다.
- HPFRCC의 탄성계수는 보통 콘크리트의 약 1/2이지만 HPFRCC는 인장력을 지지할 수 있다. 따라서 HPFRCC 부재의 유효강성은 보통 철근콘크리트 부재의 유효강성과 거의 동일하기 때문이다. HPFRCC의 탄성계수는 그림 4.33에 나타난 바와 같이 보통 콘크리트의 약 1/2임에도 불구하고 HPFRCC의 인장성능은 변형/처짐 계산에

포함될 수 있으며, 휨강성은 보통 철근콘크리트 부재의 강성값 이상이다.

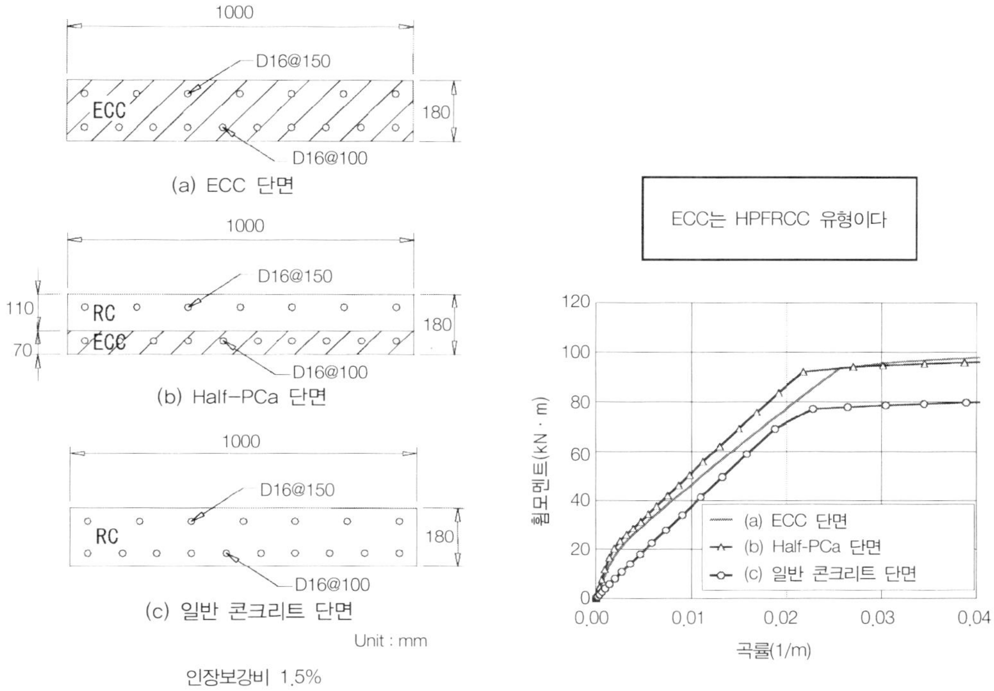

그림 4.33 **보통 콘크리트에 대한 처짐 산정 예(프리캐스트 HPFRCC 및 ECC 부재)**[66]

4.6.7 진동 시험

가변 하중에 의한 진동 시험은 구조물의 기능 및 사용성이 저하되지 않도록 적절한 방법을 사용하여 수행할 수 있다.

[해설] 동일 조건에서 HPFRCC를 적용하면 구조 부재의 두께가 얇아지고 기본 주기는 보통 콘크리트 구조에 비해 더 커지는 경향이 있으므로 주의해야 한다.

4.7 구조 상세

4.7.1 일반사항

이 절에서는 HPFRCC 구조물의 설계에 적용되는 특별 구조 상세에 대하여 다룬다. 각 부재 또는 구조 형태의 특별 구조 상세가 규정되면 이를 따라야 한다.

[해설] 다른 절에서 규정된 구조 상세는 각 절에서 다룬 부재 또는 구조 시스템에 적용한다. 이 절에서 다루는 규정을 따르기 불가능하다면 다른 절에 규정된 특별 구조 상세를 따라야 하며, 이 절의 일반규정보다 우선한다.

4.7.2 콘크리트 피복

(1) HPFRCC 구조물의 성능 검증에 대한 전제조건으로 환경대응, 구조물의 중요성 및 시공오차를 고려하여 콘크리트 피복 두께는 충분한 부착강도를 확보하기 위해서 결정되어야 한다.
(2) 원칙적으로 철근에 대한 최소 피복 두께는 충분한 부착강도를 확보하기 위하여 철근 직경의 1/2보다 커야 한다.
(3) 환경에 대한 저항성을 고려하여 콘크리트의 최소 피복 두께를 결정하기 위해서는 4.8절을 따른다.
(4) 최소 콘크리트 피복은 (2) 또는 (3)항에서 설명된 방법에 의해 얻어진 값 중 큰 값으로 계산한다.

[해설] D25 인장 철근의 겹침이음을 확보하고, 철근직경의 1/2의 콘크리트 피복 두께를 확보한 보의 굽힘 실험을 통해서 콘크리트구조기준의 기본 정착 길이 계산식이 안전하다는 사실을 확인하였다.

환경 저항성에 대하여, HPFRCC의 탄산화 비율은 동등한 물-시멘트비를 갖는 보통 콘크리트의 값과 거의 유사하다. 또한 균열이 발생한 HPFRCC에서 염화물이온 침투 저항성은 동일 조건의 보통 콘크리트보다 작다. 그러므로 HPFRCC 구조물에서는 환경에 대한 저항성 측면에서 얇은 피복이 가능하다고 할 수 있다. 물론 콘크리트 피복의 결정은 적절한 부착강도를 확보하기 위한 값 또는 환경에 대한 저항성을 확보하기 위한 값 중 큰 값으로 한다.

4.7.3 철근간격

(1) 원칙적으로 소요 길이 방향 철근의 간격은 적절한 부착강도를 확보하기 위한 철근의 직경보다 커야 한다.
(2) HPFRCC의 적절한 타설 및 충진을 위해서 섬유 길이보다 큰 수평 및 수직간격을 확보해야 한다.
(3) 최소 간격은 (1) 또는 (2)에서 얻어진 값 중 큰 값 이상으로 한다.

[해설] (2)는 인장철근 주변에 HPFRCC를 충분하게 분포하기 위해 필요한 최소 간격을 규정한 것이다. 일반적으로 HPFRCC에 사용하는 섬유의 길이는 12~25mm이다. 그러므로 25mm 이상의 철근간격을 유지하는 것이 좋다.
(3) 최소 간격은 충분한 부착강도를 확보하기 위해 필요로 하는 간격 또는 HPFRCC의 적절한 타설 및 충진을 고려하여 주어진 간격 중 큰 값 이상으로 한다.

4.7.4 철근의 정착

1) 일반사항

(1) 원칙적으로 콘크리트구조기준 8장 「정착 및 이음」을 따른다. 이때 정착성능, 철근의 정착을 검토하기 위한 위험단면, 철근의 정착 길이가 포함된다.

[해설] (1) 철근의 정착 길이 계산은 원칙적으로 콘크리트구조기준 8장 「정착 및 이음」을 따른다. 이것은 아직까지 충분한 실험 결과가 축적되어 있지 않기 때문이다.

2) 기본 정착길이

(1) 원칙적으로 콘크리트구조기준 8장 「정착 및 이음」에 따른다. 다만, 아래의 식을 이용할 수 있다.

(2) 인장철근의 기본 정착 길이 l_d는 20ϕ 또는 그 이상이면 식 (4.19)에 의해 계산할 수 있다.

$$l_d = \alpha \frac{f_{yd}}{4 f_{b0d}} \phi \tag{4.19}$$

여기서, ϕ : 주요 보강재의 직경

f_{yd} : 철근의 인장항복강도

f_{b0d} : 식 (4.20)에 의한 HPFRCC의 설계부착강도

$$f_{b0d} = 0.28 {f'}_{ck}^{\frac{2}{3}} / \gamma_c \text{, 다만 } f_{b0d} \le 3.2(\mathrm{N/mm^2}) \tag{4.20}$$

f'_{ck} : HPFRCC의 압축강도 특성

γ_c : 1.3에 허용응력값

$$\begin{aligned} \alpha &= 1.0(k_c \le 1.0) \\ &= 0.9(1.0 < k_c < 1.5) \\ &= 0.8(1.5 < k_c < 2.0) \\ &= 0.7(2.0 < k_c < 2.5) \\ &= 0.6(2.5 < k_c) \end{aligned}$$

여기서, $k_c = \frac{c}{\phi} + \frac{15 A_t}{s \phi}$

c : 철근콘크리트의 피복 두께와 철근간격의 1/2 중 작은값

A_t: 수직으로 보강된 변화구간의 영역은 쪼갬파괴영역으로 가정된다.

s : 횡방향 철근의 중심간격

(3) 압축 보강의 기본 정착길이는 (1)에 포함된 l_d의 0.8배로 정착한다.

(4) 표준갈고리를 갖는 인장영역에서 기본 정착길이 l_d는 10ϕ로 감소시키도록 허용될 수 있다. 그러나 철근의 기본 정착길이 l_d는 20ϕ 또는 그보다 더 큰 값을 갖도록 하는 것이 좋다.

[해설] (1) 기본 정착길이 계산은 콘크리트구조기준 8장 「정착 및 이음」에 따르면 된다.

(2) 다만 일본 기준을 병용할 수 있다. 그림 4.35는 그림 4.34에 나타낸 겹침이음된 실험체에 대하여 식 (4.19)의 적용 가능성에 대한 연구 결과이다. 실험체는 2.0%의 섬유 혼입량, D25 인장철근과 10mm의 최소 콘크리트 피복으로 설계되어야 한다는 것을 명시하라. D25 인장철근에 의하여 콘크리트 피복이 10mm이더라도 식 (4.19)에 의한 정착길이에 대한 보수적인 값을 얻을 수 있다.

섬유의 가교효과에 의해 균열 이후 인장력을 지지할 수 있으므로 HPFRCC는 횡보강근에 의한 값과 대등한 효과를 제한하는 것으로 가정된다. 그러나 실험자료가 매우 부족하기 때문에 기본 정착길이의 계산은 콘크리트구조기준 8장을 따르는 것이 좋다고 판단된다.

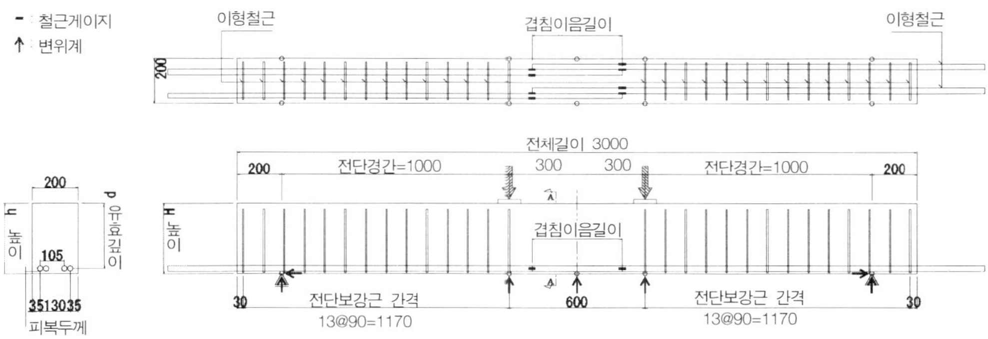

그림 4.34 시험체 상세[66)]

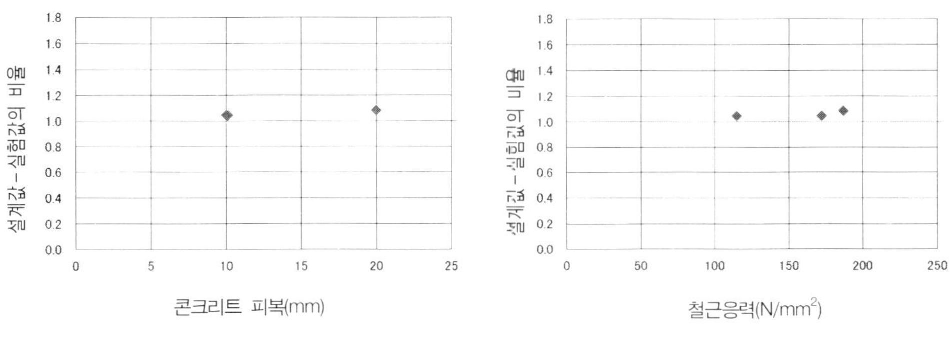

그림 4.35 기본 정착길이의 적용 가능성에 대한 연구 결과[66)]

4.7.5 보강근 이음

1) 일반사항

(1) 보강재의 이음은 강재의 형태, 직경, 응력 상태 등에 따라 선택되어야 한다.
(2) 보강재의 이음은 높은 응력을 받게 될 단면에 설치되어서는 안 된다.
(3) 원칙적으로, 이음은 부재의 같은 단면에 집중되어서는 안 된다. 그렇게 하려면 당겨진 접합부 사이 길이 방향의 거리는 원칙적으로 조인트 길이와 철근직경의 25배를 더한 것 또는 단면의 높이를 더한 것 중 큰 값으로 한다.
(4) 이음부와 인근 철근과의 거리 또는 접합부 사이의 거리는 강재 섬유의 길이보다 커야 한다.

[해설] 이 규정은 콘크리트구조기준 8장 「정착 및 이음」을 기본으로 한다. 그러나 조인트 간의 거리는 HPFRCC가 상대적으로 골재량이 적다 하더라도 강재 섬유의 길이보다 크게 만들어져야 한다.

2) 철근이음

원칙적으로 콘크리트구조기준 8장 「정착 및 이음」을 따른다.

[해설] HPFRCC는 섬유 연결 효과에 의하여 철근 스터럽 횡보강으로 인해 발생하는 것과 비슷한 저항효과를 기대할 수 있다. 그러므로 보통 콘크리트보다 작은 횡보강과 짧은 겹침을 가질 수도 있다. 그러나 충분한 검증자료가 없으므로 이 값들은 콘크리트구조기준 8장 「정착 및 이음」을 참고하도록 한다.

4.7.6 시공이음

(1) 시공이음의 위치와 방향은 구조물의 강도, 외관, 내구성을 저하시키지 않도록 결정되어야 한다.
(2) 시공이음의 위치가 설계도면에 명시되는 것이 바람직하다.

[해설] 시공이음의 방향 및 위치는 구조물의 강도에 큰 영향을 주므로 이전에 검증된 방

법을 사용하여 전단력이 상대적으로 작은 위치에 시공되어야 하고 HPRCC에 작용하는 압축력에 수직하여 설치해야 한다.

4.8 환경작용에 관한 저항성 검토

4.8.1 일반사항

원칙적으로 HPFRCC 구조물은 사용환경과 환경인자를 고려한 적절한 방법을 통하여 설계수명에 걸쳐 소요성능을 유지하는 것이 검증되어야 한다.

[해설] HPRFCC 구조물이 환경영향에 저항하는 것을 검증하기 위하여 사용조건들과 환경인자를 고려한 적절한 방법이 적용되어야 한다.

4.8.2 탄산화에 따른 철근 부식의 검토

(1) 원칙적으로 HPFRCC를 사용한 구조물의 피복 두께는 HPFRCC의 탄산화에 따라 소요성능이 저하되지 않도록 결정되어야 한다.

(2) 탄산화는 예측된 탄산화 깊이의 특성값에 구조물계수가 곱해진 비탄산화된 피복 두께를 더해서 얻어진 탄산화 깊이가 피복 두께를 넘어서지 않음을 확인함으로써 검증되어야 한다.

(3) HPFRCC의 탄산화 속도는 적절한 방법 및 실험 결과로부터 도출되어야 한다.

(4) HPFRCC의 탄산화로 인한 철근 부식은 HPFRCC의 비균열면에서 최대 균열폭이 허용균열폭보다 작다는 조건으로 검토할 수 있다.

(5) HPFRCC에 매립된 철근의 부식속도를 결정할 때, 보통 콘크리트의 부식속도보다 작은 값이 HPFRCC의 큰 양극/음극 면적비로 가정할 수 있다.

[해설] (1)과 (2) : 탄산화에 따른 철근 부식의 검증은 탄산화 깊이가 철근 부식 시작의 임계수준보다 낮은 것을 확인하는 정도로 충분하다. HPFRCC의 탄산화 깊이는 염화물

침투가 없는 곳에서 10mm로 설정할 수 있다. 염화물 침투가 있는 곳에서는 염화물 영향을 고려한 실험이나 조사에 의하여 적절하게 비탄산화된 깊이가 결정되어야 한다.

(3) 일반적인 보통 콘크리트에 대한 탄산화 깊이 예측 식과 유사하게 HPFRCC의 탄산화 깊이를 추정하려면, 다양한 조건에서 HPFRCC에 대한 실험 결과 및 다른 자료에 근거한 탄산화 속도계수를 결정하는 것이 중요하다. 그림 4.36은 HPFRCC의 탄산화 속도계수에 대한 시험 결과의 예를 나타내고 있다, 그림과 같이 균열이 없는 HPFRCC의 경우 동일한 물-시멘트비를 가진 일반 콘크리트와 큰 차이가 없는 것으로 확인되었다.

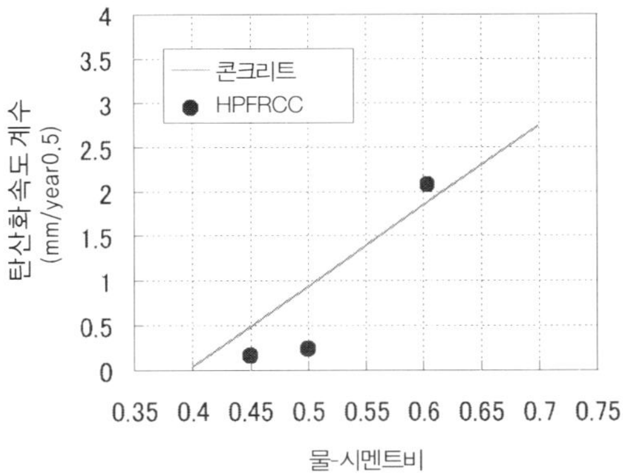

그림 4.36 **균열이 없는 콘크리트의 탄산화 속도계수와 재료 사이의 관계**[66)]

콘크리트와 ECC-콘크리트 표면의 최대 균열폭(mm)	ECC Shotcrete (10mm의 표면 보강)	보강되지 않은 실험체
0.1		
0.2		
0.3		
0.4		

그림 4.37 **촉진탄산화 실험의 예**[66)]

(4) HPFRCC를 구조물 표면에 피복재로 시공하는 경우, 그림 4.37과 같이 HPFRCC의 균열제어능력에 의하여 탄산화 예방효과를 기대될 수 있다. 이때 균열이 발생한 HPFRCC에서 철근 부식은 최대 균열폭이 허용균열폭보다 작음을 검증함으로써 평가할 수 있다.

(5) 균열이 있는 시편에 대해 철근 부식을 시험한 결과, HPFRCC에 둘러싸인 강재의 부식은 큰 양극/음극 면적비에 따라 억제된다. 이것은 균열부의 양극반응이 HPFRCC의 균열폭 제어능력과 균열 분산성에 의해 제어되기 때문이다. 또한 음극반응 역시 균열폭 제어능력에 따라 제어된다(그림 4.38). 균열폭 제어능력과 균열 분산성을 야기하는 HPFRCC의 두께는 10mm로 설정된다.

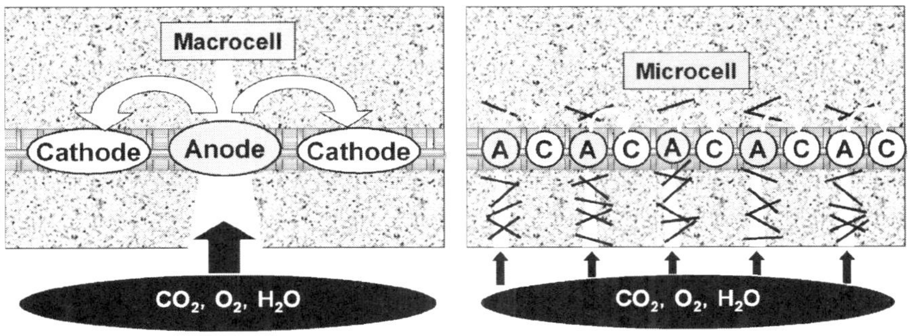

일반콘크리트 HPFRCC

Macrocell corrosion (Corrosion rate: high) Microcell corrosion (Corrosion rate: Low)

그림 4.38 **균열 진전 형태에 의한 부식전지 패턴의 차이**[66)]

4.8.3 염화물 침투에 따른 철근 부식의 검토

(1) 원칙적으로 HPFRCC의 피복 두께는 구조물의 소요성능을 HPFRCC에 침투하는 염화물에 의해 잃지 않도록 결정되어야 한다.

(2) 염화물이온의 침투 결과인 철근 부식은 설계 피복 두께에서 예측된 염화물이온의 농도가 설계내구수명 동안 철근의 위치에서 철근 부식을 야기하는 임계농도를 넘지 않음을 확인함으로써 검증된다.

(3) 철근 부식을 야기하는 임계농도는 다른 유효한 자료나 실험 결과를 통하여 결정되어야 한다. 보통 1.2kg/m³로 취해지기도 한다.

(4) HPFRCC의 염화물이온 침투의 설계값은 극심한 조건하에서 HPFRCC에 발생하는 균열폭과 인장응력의 영향을 고려한 실험 또는 유효한 자료를 기준으로 적절하게 결정되어야 한다.
(5) HPFRCC 내의 철근 부식속도를 결정할 때, 큰 양극/음극 면적비에 따라 보통 콘크리트보다 적은 값을 가정해도 된다.

[해설] 낮은 물-결합재비와 혼화재료의 영향으로 HPFRCC는 보통 레미콘 콘크리트보다 낮은 염화물 침투성을 가지므로, HPFRCC 구조에서 높은 염화물 침투 저항성을 보일 가능성이 많다.

(1)과 (2) : 염화물 침투에 대한 구조물의 성능을 검증할 때, 사용기간 동안 부식이 발생하지 않도록 하는 것이 가장 직접적이고 안전하다. 그러므로 철근의 위치에서 염화물 이온의 농도가 철근 부식을 야기하는 임계농도보다 낮다는 것을 검증하는 것에 대해 표 4.9에 명기한 절차를 가지고 수행해야 한다.

표 4.10 **염화물이온의 침투와 관련된 철근 부식의 검증 순서**

STEP	주제	인력값	결과값
0	7장의 구조물의 사용성 검증에 따라 변형률 예측	(생략)	부재 인장연단에서의 HPFRCC의 인장변형률
1	최대 균열폭의 예측	HPFRCC의 설계인장변형률	HPFRCC의 최대 균열폭의 특성값
2	염화물 침투의 예측	HPFRCC의 최대 균열폭 및 인장변형률	균열부 HPFRCC의 설계 염화물 이온 침투
3	철근 위치에서의 염화물 이온 농도 예측	균열부 HPFRCC의 설계 염화물이온 침투량, 설계내구수명, 설계피복 두께	콘크리트 구조물의 설계내구수명에서의 피복 두께 위치에서의 설계 염화물 침투량
4	철근 부식의 검증	콘크리트 구조물의 설계내구수명에서의 피복 두께 위치에서의 설계 염화물 침투량, 철근 부식의 임계 염화물농도	철근 위치에서의 임계 염화물농도는 설계 염화물농도보다 설계내구수명 동안 항상 큰 값을 가져야 된다. [검증 완료]

STEP0 : 사용 상태에서 HPFRCC 부재의 인장영역에 발생하는 인장응력을 예측한다.
STEP1 : 설계인장응력에 기초하여 그림 4.39에 나타낸 예시에 따라 최대 균열폭을 계산한다.
STEP2 : 최대 균열폭과 설계인장변형률을 가지고 설계염화물 침투를 계산한다.

STEP3 : 설계내구수명 동안 철근의 염화물이온 농도는 이온의 침투성, 설계내구수명, 그리고 설계피복 두께를 고려하여 결정한다.

STEP4 : 철근 위치에서의 염화물이온 농도가 철근 부식을 위한 임계농도보다 낮을 경우 검증이 끝난다.

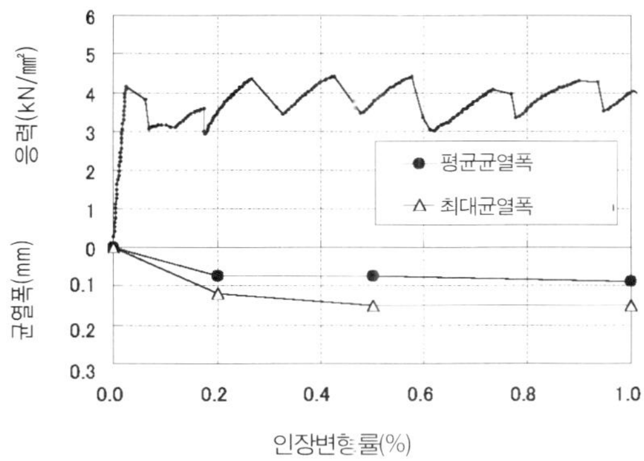

그림 4.39 **인장변형률과 최대 균열폭과의 관계**[66)]

(3) 철근 위치에서 철근 부식 개시에 대한 임계 염화물량은 보통 1.2kg/㎥이며, 이 값을 HPFRCC에 역시 적용할 수 있다. 여기서 콘크리트 염화물이온 농도는 전체 체적 중 전 염화물 중량을 의미한다. HPFRCC에는 높은 단위시멘트양과 다양한 혼화재료가 포함되어 있으므로, 프리델염과 같은 고정 염화물량이 증가하여 철근 부식을 위한 임계 염화물량이 높아질 수 있다. 10%의 염화물 용액 침지실험에 따르면, HPFRCC에서 전 염화물에 대한 가용성 염화물량은 0.2~0.4 정도인데, 물-시멘트비 0.5를 가지는 일반 콘크리트에서는 0.6~0.8의 범위를 그림 4.40에서 보이고 있다. 그러므로 철근 부식 개시를 위한 임계 염화물량의 적절한 결정을 다룬 자료조사가 있으면 그 결과를 사용해도 좋다.

(4) 원칙적으로 HPFRCC의 설계염화물 침투값은 사용 중의 HPFRCC에 일어나는 균열폭 및 인장변형률을 고려하여 결정된다. 인장변형률과 HPFRCC의 균열간격은 높은 상관성을 가지고 있는데, 도입된 HPFRCC의 인장변형률이 균열폭을 균열간격으로 나누어 도출된 값과 거의 같은 반면, 그림 4.39에서처럼 극한인장변형률 아래의 인장변형률의 변화에 따라 균열폭의 변화가 적기 때문이다. 그러므로 균열폭의 변화를 보통 콘크리트에 사용되는 비슷한 개념을 보이는 인장변형률로 대체하면 염화물이온 침투량을 결정할 수 있다.

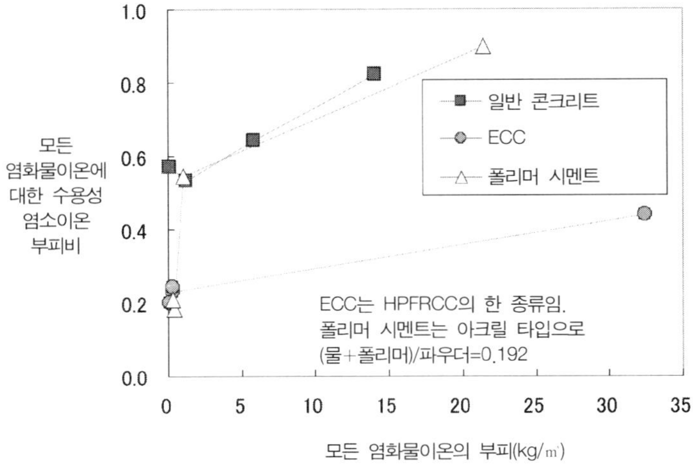

그림 4.40 **전염화물에 대한 가용성 염화물 결과**[66)]

염화물이온 침투에 대한 실험값의 예를 그림 4.41에 나타냈다. 이 그림에서 HPFRCC의 염화물 침투는 인장변형률을 곱한 균열의 제곱과 상대적으로 높은 상관성을 나타내고 있고 다음과 같은 공식으로 나타날 수 있다. 그림 속의 R은 상관계수이다.

$$D_d = D_k + D_0 \log(\varepsilon \cdot w^2) \tag{4.21}$$

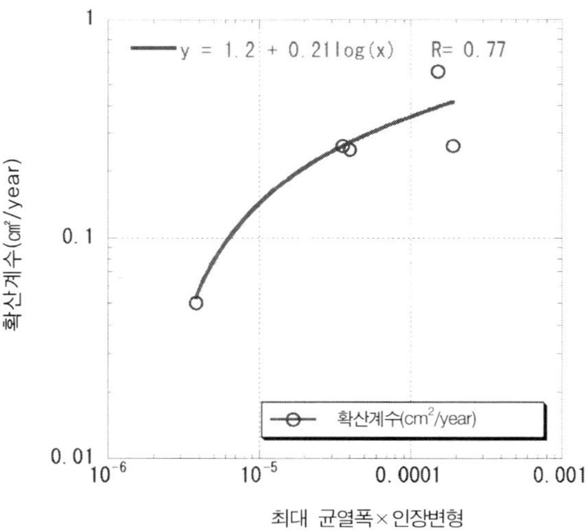

그림 4.41 **HPFRCC의 염화물 침투의 실험값**[66)]

여기서, D_d는 설계염화물 침투성(㎠/year), D_k는 균열이 없는 HPFRCC의 염화물 침투에 관계한 재료상수(㎠/year), D_0는 HPFRCC의 염화물 침투성에 균열 및 인장변형률의 영향을 나타내는 재료상수, ε은 예측된 설계변형률, w는 최대 균열폭의 특성값(mm)이다.

(5) 균열을 가진 HPFRCC와 보통 모르타르의 염화물 침투로 인한 철근 부식 속도에 대한 실험 예를 그림 4.42에 나타냈다. 여기서 일반 모르타르는 작은 양극/음극 면적비로 인해 국소적인 부식을 보이는 반면 HPFRCC에서는 넓은 양극/음극 면적비로 인해 완만한 일반부식을 나타내고 있음을 확인할 수 있다. 이것은 HPFRCC의 균열제어로 인해 균열부에서 양극/음극반응이 방지됨을 나타내는 결과이다. 이런 실험 결과들로 인해 HPFRCC에 매립된 철근의 부식속도를 검사할 때, 넓은 양극/음극면적비를 가진 부식전지 패턴에 의해 부식속도가 제어되는 것을 가정할 수 있다.

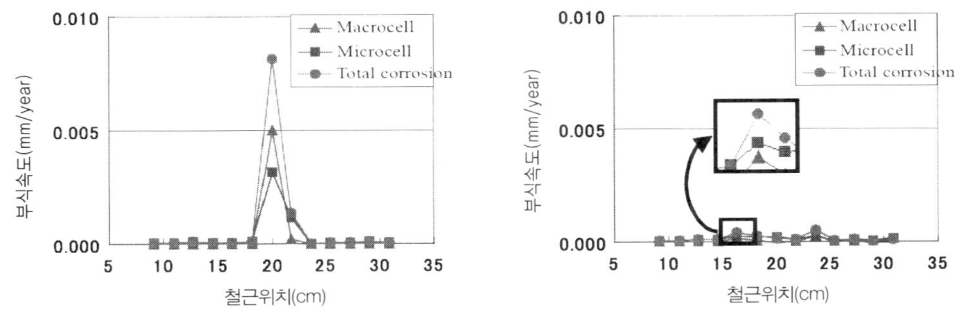

(a) 일반 콘크리트 (b) HPFRCC

그림 4.42 **염화물에 노출된 물-시멘트비 0.3을 가진 시멘트계 재료의 부식속도**[66)]

4.8.4 동결융해 작용의 검토

(1) HPFRCC 구조물은 동결융해 작용에 대해 소요성능을 유지하도록 설계되어야 한다.

(2) HPFRCC가 구조물의 표면에 사용될 때, HPFRCC의 동결융해 저항성은 최대 균열폭이 허용균열폭보다 작으면 균열의 존재를 고려하지 않고 검사할 수 있다.

[해설] 동결융해에 노출될 때, 보강섬유의 연결효과로 인해 HPFRCC는 균열폭을 구속한

다. 그러므로 일반적인 콘크리트보다 우수한 동결융해 저항성을 가지고 있다.

(1)과 (2) : 동결융해에 대하여 HPFRCC의 저항성을 검증할 때는 KS F 2456 방법을 적용할 수 있다. 그림 4.43의 동결융해 실험 결과에 따르면, 상대동탄성계수 변화와 중량의 손실은 300 사이클이 경과 후 크게 발생하지 않았다.

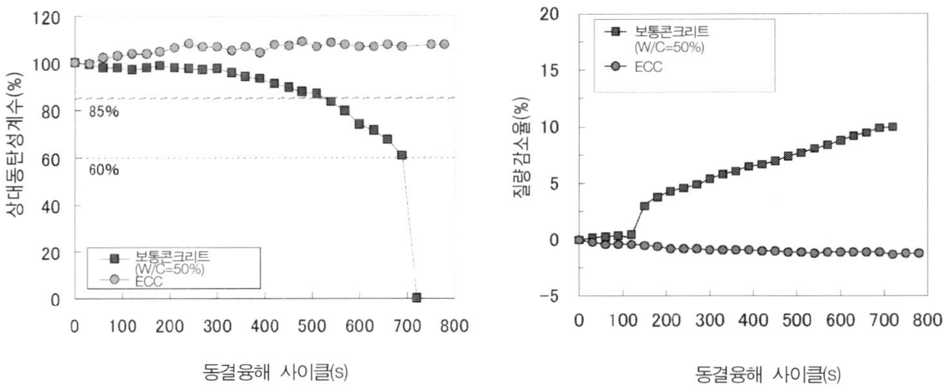

그림 4.43 **동결융해에 따른 HPFRCC의 저항성**[66)]

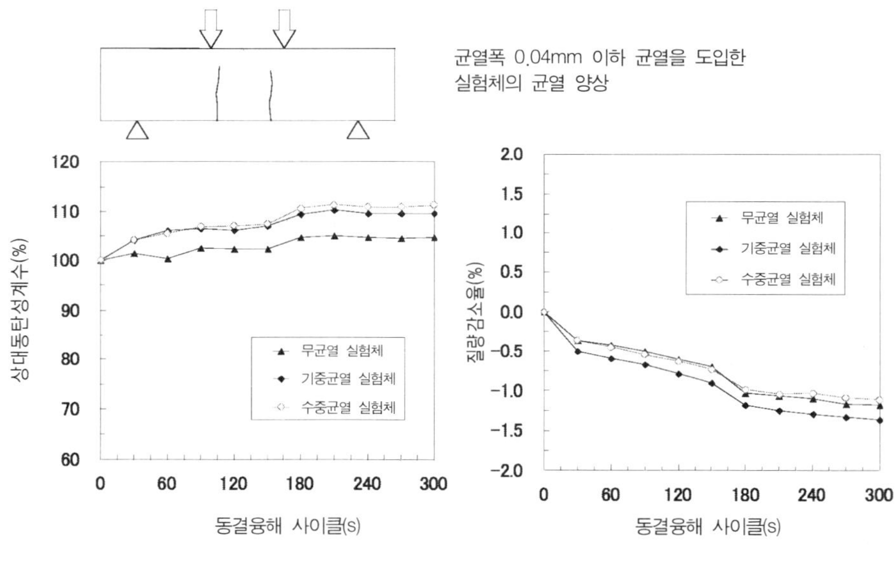

그림 4.44 **HPFRCC 균열부의 동결융해 시험**[66)]

그림 4.44에서는 균열부 HPFRCC의 동결융해 저항성 결과의 예를 나타내고 있다. 여기서 시편은 기중과 수중에서 하중을 받고 있었는데, 대략 균열하중(시편의 중앙에

서 0.2mm의 처짐)의 1.5배를 받고 있었다. 시험 방법은 KS F 2566 휨실험 및 KS F 2456 동결융해 시험에 따랐다. 그림 4.44의 동결융해 시험에서 상대동탄성계수의 변화 질량 감소에서 및 큰 변화가 관측되지 않았다. 또한 동결융해 전후의 휨실험에서도 큰 차이가 발견되지 않았다.

4.8.5 수밀성에 대한 검토

HPFRCC 구조물은 실험 또는 다른 방법을 통하여 수밀성에 대하여 소요성능을 확보하고 있음을 검증해야 한다.

[해설] 낮은 물-결합재비와 혼화재료 첨가로 인해 균열이 없는 HPFRCC는 보통의 레미콘 콘크리트보다 더욱 수밀하다. 그러나 균열이 있는 HPFRCC에 대해서는 투수성 실험 등을 통하여 균열의 한계값과 같은 것들이 고려되어 수밀성이 예측되어야 한다. HPFRCC의 수밀성은 KS F 4042 등의 가압투수시험 등을 이용하여 검증해야 한다.

4.8.6 화학적 침식 저항성에 대한 검토

HPFRCC 구조물은 화학적 침식에 대해 소요성능을 잃어버리지 않는지 실험이나 적절한 방법 등을 통하여 검증되어야 한다.

[해설] HPFRCC의 화학적 침식 저항성은 필요시 콘크리트표준시방서 등에서 제시하는 방법으로 검증해야 한다.

4.8.7 알칼리 골재반응에 대한 검토

(1) HPFRCC 구조물은 알칼리 골재반응으로 인한 손상을 받으면 안 된다.

(2) 만일 HPFRCC가 알칼리 골재반응에 대한 소요저항성을 만족한다면, 그 구조물의 성능 역시 알칼리 골재반응에 의해 손상받지 않는다고 가정할 수 있다.

[해설] HPFRCC의 알칼리 골재반응 저항성은 필요시 일본 콘크리트표준시방서[구조성능 검토편][69] 등에서 제시하는 방법으로 검증해야 한다.

4.8.8 내화성능에 대한 검증

> HPFRCC가 콘크리트 구조물에 적용되는 경우 동일한 내화성능을 확보해야 한다.

[해설] 보강섬유를 함유하고 있으나 HPFRCC 배합의 대부분은 모르타르이다. 그러므로 내화성은 보통 콘크리트 또는 보통 모르타르와 비슷하다고 가정할 수 있다. 실제로 실험 결과에 의하면 HPFRCC는 콘크리트보다 작은 열전도율을 가지고 있으며, 더 큰 열용량을 가지고 있다. 그러므로 HPFRCC의 내화성능은 보통 콘크리트와 동등하거나 우수할 것으로 예측할 있다. 그러나 화재 이후에는 매우 주의 깊은 조사가 필요하다. HPFRCC는 다량의 유기 섬유를 혼입하고 있기 때문에 300℃ 이하의 저온에서도 섬유가 용융되어 공극이 발생한다. 이로 인해 화재 이후에는 보통의 콘크리트와 같이 충분한 강도회복을 기대할 수 없다.

4.9 타설시공

4.9.1 일반사항

> (1) 원칙적으로 HPFRCC의 타설에 있어서 실행계획은 재료 특성값들을 충분히 이해한 상태에서 타설 중과 경화 후까지 수행해야 한다.
> (2) 현장에서는 HPFRCC 공사에 대해 충분히 자격이 있는 기술자가 임명되어야 한다.

[해설] (1) 이 절에 있는 조항들은 현장경험을 기본으로 하고 있으며, 다른 조건에서는 적용이 안 될 수도 있다. 예를 들어 특이한 부재 특성이나 실행 시 필요사항 등이 포함되면 이 조항들은 부족하거나 적용이 어려워질 수도 있다. 이러한 경우는 실행계획이 각각의 조건들에 맞추어 변화해야 하고, 이 실행계획이 고수해야 할 조항의 목적을 반영할 수 있도록 변해야 한다.

(2) HPFRCC 공사에 대해 충분한 지식이 있는 기술자들이란 구조기술사 또는 이와 동등한 자격이나 경험을 HPFRCC 공사에서 가진 사람을 의미한다. 예를 들어 HPFRCC에 대한 기술을 보유한 제조회사의 기술진이 포함될 수 있다. 소요성능의 HPFRCC 구조물의 완공을 확보하기 위하여, 이러한 기술자를 현장에 임명하는 일은 필수적이다.

4.9.2 재료

1) 재료 일반

HPFRCC의 타설에 사용되는 재료는 HPFRCC의 소요성능을 만족해야 한다.

[해설] 기본적인 HPFRCC의 재료는 시멘트, 골재, 혼화재료, 물, 그리고 보강섬유이다. 이러한 역학적 특성값과 4.3절에 명기된 환경작용에 대한 저항성에 대하여 다양한 HPFRCC 설계상수를 확보하는 복합재로 단들어져야 한다.

2) 매트릭스를 위한 재료

(1) HPFRCC를 위한 표준 시멘트는 한국산업표준 KS L 5201, KSL 5205, KS L 5210, KS L 5211, KS L 5217, KS L 5401에 구정한 것과 같거나 또는 이와 동등 이상의 것을 사용해야 한다.

(2) HPFRCC를 위한 골재는 섬유의 보강작용을 최대로 발생시키는 입도 크기를 직경, 길이, 그리고 다른 보강요소들을 그려하여 선택해야 한다. 골재는 또한 알칼리-실리카 반응에 대한 저항성을 확인해야 한다.

(3) 혼화재료는 HPFRCC의 효과에 영향을 미치지 않아야 한다.

[해설] (1) HPFRCC에는 보통 포틀랜드 시멘트가 사용된다. 유동성과 수화열 발생에 대하여 중용열 또는 저열 시멘트가 적절하고 현존하는 HPFRCC 시공에 많이 사용되고 있다. 플라이애쉬 또한 혼화재료로 많이 사용된다. 이러한 재료의 품질은 원칙적으로 콘크리트구조기준 2장 재료의 값을 충족해야 한다.

(2) 골재의 종류와 품질은 때로는 강도 및 인장성능과 같은 품질에 영향을 미친다. 그러므로 골재의 선정이 HPFRCC의 생산을 위해 매우 중요하다. 소요 인장성능은 골재의 입도 크기가 보강섬유의 직경, 길이 형상비에 대하여 적절하지 않으면 얻을 수 없다.

만일 골재입자가 낮은 강도수준을 가지고 있다면 설계 HPFRCC 강도를 얻을 수 없고 기상환경 저항성이 나빠질 것이다. 골재의 알칼리반응성은 정확하게 평가되어야하는데, 다량의 시멘트양을 시멘트 복합재가 포함하기 때문이다.

(3) 다량의 시멘트 및 결합재가 사용되어 높은 단위수량을 요구하게 되므로 팽창제가 건조수축 변화를 보상하기 위해 사용될 수 있다. 이러한 혼화제는 HPFRCC의 강도와 환경저항성에 대한 검증뿐 아니라 응결, 경화에 손상이 없는지 확인한 후 사용해야 한다.

3) 물

HPFRCC의 배합에 사용되는 물은 KS F 4009 부속서 2에 적합한 것으로 한다. 또한 HPFRCC에 어떠한 손상을 주는 물은 사용할 수 없다.

[해설] 배합수에 불순물이 있다면 HPFRCC의 워커빌리티, 응결 및 경화, 강도 발현, 수축 및 팽창에 영향을 줄 수 있다. 그러므로 KS F 4009 부속서 2에 명기된 회수되지 않은 물, "레디믹스트 콘크리트의 혼합에 사용되는 물"을 표준으로 하며, 이러한 물이 손상을 입히지 않는다는 것을 확인한 후 사용해야 한다.

4) 보강섬유

보강섬유는 HPFRCC의 설계성능을 만족하는 HPFRCC의 품질을 확인한 후 사용되어야 한다.

[해설] 보강섬유의 선정은 HPFRCC의 인장성능에 큰 영향을 주므로 매우 중요하다. 보강섬유와 복합재의 조화는 HPFRCC의 인장성능에 큰 영향을 주므로 소요성능에 대한 광범위한 판단을 하는 것이 필요하다.

Polyvinyl Alcohol Fiber(PVA)와 고강도 폴리에틸렌섬유가 주로 선정되기도 한다. 보강재료의 선정은 선정된 섬유를 사용한 HPFRCC가 소요역학적 성능과 환경 저항성이 충분한가를 확인할 수 있는 자료와 실험을 통하여 확인할 필요가 있다. 섬유 자체에 대한 환경 저항성 또한 확인할 필요가 있는데, 구조물의 설계내구수명 동안 지속할 수 있는 내구성 있는 섬유인지를 판단하는 것도 중요하다.

5) 혼화재료

HPFRCC를 위한 혼화재료는 HPFRCC에 손상을 줄 수 있는 어떤 것이라도 피해야 한다.

[해설] HPFRCC는 분체의 부피가 크기 때문에 공기연행과 고성능 감수제의 사용은 유동성을 확보하기 위한 방법으로 사용되고 있다. 공기연행제나 감수제의 작용에 의해 HPFRCC의 요구되는 성능을 확보할 수 있는지에 대해서는 실험을 통해 확인해야 한다. 따라서 목표성능과 품질을 만족하기 위한 적절한 혼화재료를 선정해야 한다.

4.9.3 배합

1) 일반사항

특정 배합에 의해 제조된 HPFRCC는 재료 설계값과 시공성능을 만족하는지 확인해야 한다.

[해설] HPFRCC의 배합은 생산, 구조물의 시공조건 및 환경조건을 연계된 연구를 기반으로 작성된 그림 4.45의 공정표에 의해 결정된다. 그림에 나타낸 바와 같이 소요강도 특성은 다른 여러 재료 특성값과 관계가 있으며, 요구 시공기술은 재료분리 저항성과 같은 워커빌리티가 매우 중요하다. HPFRCC 조합의 예는 표 4.11에 나타냈다.

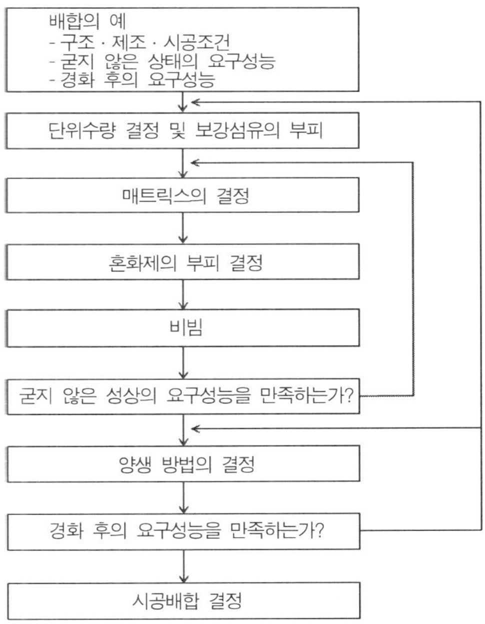

그림 4.45 **배합설계 플로 차트**[66]

표 4.11 **배합 예**[66]

유동성 (mm)	보강섬유				매트릭스		
	섬유 종류	섬유직경 (mm)	섬유길이 (mm)	용량 (vol.%)	물-바인더비 (%)	골재-바인더 부피비(%)	단위수량 (kg/m³)
500	PVA	0.04	12	2.0	42.5	70	375

2) 작업성

HPFRCC의 작업성은 시공조건 및 시공 방법에 따라 적절한 지표를 기반으로 해야 하며, 실험에 의해 요구수준을 만족하는지 확인해야 한다.

[해설] 재료분리 저항성은 많은 양의 단섬유 분산과 섬유 추가 이후에 감소하는 경향을 보이는 유동성을 위한 HPFRCC의 적절한 균형에 좌우된다. 요구사항의 평가는 KS F 2402 콘크리트의 슬럼프 시험 방법, KS F 2414 콘크리트의 블리딩 시험 방법으로 대신할 수 있다.

3) 강도와 변형의 검증

(1) 원칙적으로, HPFRCC의 인장항복강도는 다음 식에 의해 검증된다.

$$\gamma_{typ}\frac{f_{ty}}{f_{typ}} \leq 1.0 \tag{4.22}$$

여기서, f_{ty} : HPFRCC의 인장항복강도의 사전 설정값은 일반적으로 특성값으로 설정

f_{typ} : HPFRCC의 인장항복강도의 측정값

γ_{typ} : 인장강도에 대한 안전계수 f_{typ}는 일반적으로 식 (4.23)

$$\gamma_{typ} = \frac{1}{1 - \dfrac{1.645\,V_{ty}}{100}} \tag{4.23}$$

V_{ty} : HPFRCC의 인장항복강도의 변동계수

(2) 원칙적으로 HPFRCC의 최대 인장응력은 식 (4.24)에 의해 검증한다.

$$\gamma_{tup} = \frac{\varepsilon_{tuk}}{\varepsilon_{tup}} \leq 1.0 \tag{4.24}$$

여기서, ε_{tuk} : HPFRCC의 최종 인장응력 설정값

ε_{tup}: HPFRCC의 최종적인 인장응력 측정값

γ_{tup} : ε_{tup}의 신장에 대한 안전계수를 일반적으로 다음 식에 의해 얻어진다.

$$\gamma_{tup} = \frac{1}{1 - \frac{1.645\, V_{tu}}{100}} \quad (4.25)$$

V_{tu} : HPFRCC의 최종적인 인장 변형의 변동계수(%)

(3) 일반적으로 HPFRCC의 압축강도는 식 (4.26)로 확인한다.

$$\gamma_{cp}\frac{f_{ck}}{f_{cp}} \leq 1.0 \quad (4.26)$$

여기에서, f_{ck} : HPFRCC의 압축강도 설정값

f_{cp} : HPFRCC의 압축강도 측정값

γ_{cp} : 압축강도 f_{cp}의 안전계수, 식 (4.27)

$$\gamma_{cp} = \frac{1}{1 - \frac{1.645\, V_{c}}{100}} \quad (4.27)$$

V_c : HPFRCC의 최종적인 압축강도의 변동계수(%)

(4) 다른 강도와 변형값은 압축강도의 확인, 인장항복강도, 그리고 최종적인 인장응력에 의해 검증되어야 한다.

4) 배합의 표현

지정된 배합을 위해 사용되는 보강섬유의 종류와 사양 및 모든 재료의 단위중량은 명확하게 명시되어야 한다.

[해설] 배합은 중량으로 표시되는데, 시방배합에서의 재료는 1㎥당 중량으로 표시된다. 시방배합을 나타내는 예는 표 4.12에 나타냈다.

표 4.12 **지정된 혼합의 표시(예)**[66)]

유동성 (mm)	보강섬유				단위내용(kg/㎥)									
	섬유 종류	섬유직경 (mm)	섬유길이 (mm)	혼입률 (%)	시멘트	물	골재	첨가제 (1)	첨가제 (2)	첨가제 (3)	섬유	혼화재 (1)	혼화재 (2)	혼화재 (3)

4.9.4 제조

1) 저장

(1) 섬유를 사용하기 위해서는 보관할 때 먼지, 빗물 등의 불순물로부터 보호한다.

[해설] (1) 섬유는 불순물과 함께 사용하지 말아야 한다.

2) 계량

(1) 각 재료마다 HPFRCC 생산에 적합한 계량 방법과 장비를 적용하고, 중량 측정에서의 계량오차는 표 4.13보다 낮은 수준으로 한다.

표 4.13 **오차 비교**

재료	최대 오차(%)
물	1
시멘트	1
골재	3
광물질 혼합물	2(1*)
강화 섬유	1
화학물질 혼합물	3

*1)고로슬래그는 1% 미만으로 한다.

[해설] HPFRCC의 인장 특성은 매트릭스와 보강섬유 사이의 균형에 의해 결정되기 때문에, 보강섬유의 최대 계량오차는 물과 시멘트의 1%보다 낮은 것으로 권장한다.

3) 비빔

(1) 원칙적으로 설계재료 특성과 요구 성능을 만족하는 HPFRCC를 제조하기 위해서는 기존 데이터나 실험에 의해 확인된 믹서를 사용한다.
(2) HPFRCC는 재료가 균질하게 될 때까지 충분히 섞어야 하고, 비빔 방법과 시간은 현존하는 기존 데이터나 실험에 기초하여 결정한다.
(3) HPFRCC를 위하여 믹서의 종류, 용량 및 비빔효율을 고려하여 한 회당 최대의 혼합량은 기존 데이터나 실험에 기초하여 결정한다.
(4) HPFRCC를 비비기 전에 믹서를 깨끗이 씻어야 한다.

[해설] (1) 일반 콘크리트보다 더 높은 점도를 갖기 때문에 HPFRCC를 비빔할 때는 가급적으로 더 좋은 비빔성능과 효율을 가지는 믹서를 사용해야 한다. 요구된 성능을 만족하는지 확인하기 위해서 시험비빔을 수행한다. HPFRCC 제조를 위한 요구성능은 유동성과 재료분리의 저항성과 같은 작업성을 말하며 충분한 시험비빔을 통해 검증해야 한다.
(2) AE제와 감수제의 성능은 투입순서, 믹서의 비빔성능 및 다른 관련 요소에 의해 영향을 받기 때문에 재료 투입의 순서, 비빔용량 및 시간 등과 같은 비빔순서는 요구성능을 만족하기 위해서는 적절하게 결정해야 한다. 또한 보강섬유의 투입과 비빔은 보강섬유의 종류에 따라 적절하게 결정해야 한다.
(4) 만약 일반 콘크리트와 HPFRCC용 혼화재를 혼용할 수 없다면, 유동성의 감소가 발생하는 등 원하는 품질을 얻을 수 없다. 일반 콘크리트 때문에 생긴 혼화재 부분은 인장성능에 있어서 취약부분이 될 수 있으며 접합부의 결함으로 이어진다. 그러므로 믹서는 일반 콘크리트의 비빔 후 HPFRCC를 비빌 때는 물로 씻어야 한다.

4.9.5 운반

HPFRCC는 굳지 않은 성상, 입자의 배열과 형태, 지역의 기후조건, 시공량, 시공속도와 안전성 등의 요인을 고려하여 적절한 방법으로 운반한다.

[해설] HPFRCC는 가능한 한 비빔 후 바로 사용하는 것이 좋다. 이를 위해서는 재료의 분리나 굳지 않은 성상의 변화를 제거해야 하기 때문에, 시공과 기후조건 등을 고려하여 적절한 운반 방법을 선택해야 한다. 표면건조의 위험이 있는 장소에서는 재료의 건조를 피하기 위해 적절한 해결책을 마련한 후에 운반해야 한다.

4.9.6 타설

(1) HPFRCC 타설계획은 타설 방법이 보강섬유의 분산과 방향에 영향을 주는 요인이 있는가를 고려해서 세워야 한다.

(2) HPFRCC는 일반적으로 버킷 또는 유사한 장치에 의해 타설한다. 타설 위치나 방법에 관한 세부계획은 타설작업을 위해 미리 전체 작업 공정을 계획한다.

(3) 타설속도는 실험 데이터를 근거로 각 부재의 배열과 철근의 배근을 고려해서 결정해야 한다.

(4) 이전에 타설된 위치에 재타설하는 경우 HPFRCC가 약해질 수 있으므로 원칙적으로 피해야 한다.

(5) 시공줄눈의 위치는 시험으로 입증된 적절한 방법과 절차를 통해 만들어져야 한다.

[해설] (2) HPFRCC 타설작업이 오랜 기간 지속되었을 때 그 표면은 건조해지고 경화가 시작되기 때문에 보강섬유의 가교작용 효과가 감소할 수 있다. 그러므로 한 구역의 타설이 완료될 때, 지속적으로 타설이 진행되도록 세부계획은 사전에 수립해야 한다.

(3) HPFRCC의 타설속도는 배합비, 부재의 배열, 시공 상태를 고려한 기존의 데이터와 시

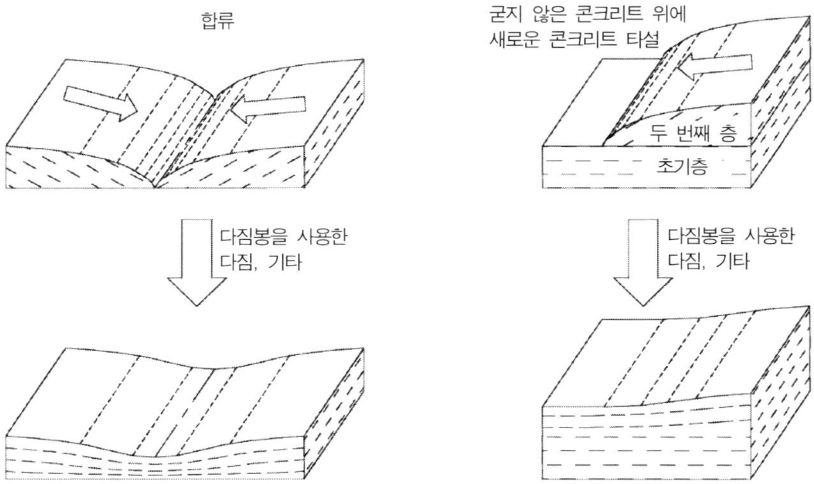

그림 4.46 **타설 및 다짐 방법**[66)]

험 결과에 의해 결정해야 한다. 내부에 진동기를 사용할 때 진동 방향과 시간 또한 기존의 데이터와 실험 결과에 근거해 결정해야 한다.

(4) 이전에 타설된 층에 타설하는 것은 보강섬유의 연결효과가 감소하여 HPFRCC를 약하게 하기 때문에 원칙적으로 피해야 한다. 타설 공정이 필요하다면, 그림 4.46과 같은 다짐 방법에 대하여 고려하는 것이 중요하다.

4.9.7 마감

요구되는 형태, 크기 및 표면 상태를 얻기 위한 HPFRCC의 표면은 적합한 방법으로 적정 시간에 완료되어야 한다.

[해설] 높은 점성과 낮은 블리딩으로 인해 HPFRCC의 표면을 마감하는 데에는 어려움이 있다. 표면 마감작업을 시작하기 전까지 표면건조를 방지하고 필요 이상으로 마감작업을 하지 않는 것이 중요하다. 표면 마감의 정밀도는 시공 다음 단계의 관점에서 결정되어야 하고, 작업은 정밀도를 유지하는 적절한 방법으로 수행되어야 한다.

4.9.8 양생

(1) 초기 양생에서 HPFRCC의 급격한 수분증발이 일어나지 않도록 해야 한다.
(2) 양생 방법 및 기간은 양생온도와 HPFRCC의 경화 속성을 고려하여 결정되어야 한다.

[해설] (1) 초기 양생은 경화에 유해한 요인을 배제하고 경화에 필요한 온도와 습도를 유지하는 방법으로 수행되어야 한다. 요구성능을 얻기 위한 양생은 기존의 데이터나 실험에 따라 수분을 공급하거나 시트 또는 매트로 덮는 등의 방법을 사용한다.

(2) HPFRCC는 일반 콘크리트보다 온도에 민감하므로 양생 방법과 기간은 주위 온도를 고려하여 결정한다. 조기강도 발현을 위해 양생온도를 증가시키는 경우에도 장기적 강도 발현을 위해 40℃ 이하로 유지해야 한다.

4.9.9 거푸집 공사와 지주 설치

거푸집 공사와 지주 설치는 콘크리트표준시방서를 따른다.

[해설] HPFRCC 구조물은 일반 콘크리트로 만든 것보다 얇기 때문에 HPFRCC 구조물에서 측압은 문제가 되지 않는다. 그러나 안전 측면에서 거푸집에 부재의 크기 및 구성과 같은 특정 시공조건에 대해 거푸집 공사 및 지주를 설치할 때는 콘크리트표준시방서를 준수해야 한다.

4.9.10 한중 콘크리트에 적용

1) 일반사항

이 절에서 명시된 경우를 제외한 콘크리트 구조물-재료와 시공은 표준시방서의 한중 콘크리트를 준용한다.

[해설] 타설 및 경화과정에서 HPFRCC가 영하의 온도에 노출되면, HPFRCC 내부의 미반응 자유수가 동결 및 팽창함으로써 초기 동해의 원인이 된다. HPFRCC가 동해의 피해를 입으면 적절한 양생기간이 지난 후에도 성능 발현이 이루어지지 않는다. 또한 경화 전에 5℃ 이하의 온도에 노출되면 HPFRCC의 경화가 지연되므로 유의해야 한다.

2) 재료와 배합

(1) 온수의 사용은 저온환경에서 타설되는 동안 적절한 HPFRCC 온도를 유지하는 표준 방법으로서 설계된다.

(2) 분말 재료를 가열할 때에 가열온도 및 방법은 HPFRCC의 성능이나 품질에 영향을 미치지 않는 범위에서 시험이나 적절한 방법에 의해 확인 후 결정된다.

(3) 원칙적으로 추운 날씨에 HPFRCC를 배합할 때 설계된 컨시스턴시를 얻기 위해서는 AE제 및 고성능 감수제의 양을 조절하는 것으로만 가능하며, 단위수량을 변경할 수 없다.

[해설] (1), (2) 프리믹스된 재료의 온도를 증가시키는 것은 저온환경에서 시공되는 동안 적절한 HPFRCC 온도를 유지하기 위한 방안 중 하나이다. HPFRCC를 시공할 때, 배합수의 온도를 20~30℃ 정도로 증가시키는 것이 효과적이다. 분체를 가열할 수밖에 없다면, 품질에 영향을 미치지 않는 것이 확인된 가열 방법으로 수행한다.

(3) HPFRCC에 대해 재료와 그 비율은 설계된 굳지 않은 성상, 역학적 특성과 환경요인에 대한 저항성을 만족시킬 수 있도록 결정한다. 단위수량으로 HPFRCC의 컨시스턴시를 조절하는 것은 요구되는 성능을 만족시키지 못할 수 있다. 따라서 컨시스턴시는 AE제와 감수제로만 조절해야 한다.

3) 운반과 타설

4.9.5절과 4.9.6절에 준한다.

4) 양생

(1) 초기 양생 방법으로 가열양생을 사용할 때, HPFRCC의 급격한 수분증발과 국부적 열 발생을 피해야 한다.
(2) 가열양생 후 HPFRCC의 온도는 급격하게 낮추지 않아야 한다.

[해설] (1) (2) HPFRCC의 초기 양생은 설계된 강도를 얻게 되고, 경화에 필요한 온도와 수분을 유지하며, 유해한 요인을 피할 때까지 적용해야 한다. 가열양생은 추운 날씨에 HPFRCC의 초기 양생법으로 타당한 방법이다. 그러나 가열양생 시 시트를 덮는 것으로는 경화 중 적합한 온도를 유지하는 데 불충분하기 때문에 열을 공급해주고 수분을 유지시켜 줘야 한다. 한편, 가열양생의 양생온도는 장기강도의 향상을 위해 40℃를 넘지 않도록 한다.

4.9.11 서중 콘크리트에 적용

1) 일반사항

이 절에서 명시된 경우를 제외한 콘크리트 구조물-재료와 시공은 표준시방서의 서중 콘크리트를 준용한다.

[해설] HPFRCC는 높은 단위시멘트양과 점성, 그리고 낮은 블리딩에 의해 운반하는 동안 컨시스턴시가 감소하고, 온도가 높고 수분증발이 급격하게 가속화되어 소성수축균열과 콜드조인트의 문제에 취약할 수 있다. 그러므로 타설 시와 타설 후의 HPFRCC는 재료 취급, 배합, 운반, 타설 및 양생에 주의를 기울여 수분의 증발을 방지하고 온도를 충분히 낮게 유지해야 한다.

2) 재료와 배합

(1) 고온환경에서 콘크리트를 타설할 때 HPFRCC의 적합한 온도를 유지하기 위해 차가운 물을 사용할 수 있다.

(2) 고온환경에서 사용되는 HPFRCC의 배합은 원칙적으로 설계된 컨시스턴시를 만족하기 위해 AE제나 고성능 감수제와 같은 화학혼화재만을 사용해야 하며, 단위수량을 변경할 수 없다.

[해설] (1) 시설환경이 갖추어지면 10~20℃의 차가운 물을 사용하는 것이 시공 중에 HPFRCC 온도를 억제하는 데 효과적이다.

(2) HPFRCC의 재료와 배합은 설계된 굳지 않은 성상, 역학적 특성 및 환경요인에 대한 저항성을 만족시키기 위해 결정된다. 단위수량으로 HPFRCC의 컨시스턴시를 조절하는 것은 요구되는 성능을 만족시키지 못할 수 있다. 따라서 컨시스턴시는 AE제와 고성능 감수제로 조절해야 한다.

3) 운반과 타설

(1) 원칙적으로 4.9.5절과 4.9.6절에 준한다.

(2) HPFRCC의 타설은 가능한 빠르게 해야 한다. 콘크리트의 비빔완료와 타설 사이의 시간은 1시간 이내로 한다.

(3) 타설 동안 HPFRCC의 온도는 구조물에 손상이 생기지 않도록 구조물의 종류 및 목적, 사용인원 및 규모, 시공 방법과 환경요인 등을 고려하여 결정한다.

[해설] (2) HPFRCC의 플로값은 시간이 지남에 따라 감소하기 때문에 배합 후 오랜 시간이 지나면 타설이 어려워진다. 기존 현장 데이터에 따르면 배합 후 1시간 이내에 타설하는 것이 가장 적합하다. 온도가 증가함에 따라 품질이 변하기 때문에 고온환경에서 타설하는 것은 비빔 후 가능한 빨리 해야 한다.

(3) HPFRCC의 유동성은 온도가 높을 때 감소하는 경향이 있다. 따라서 HPFRCC의 온도는 구조물의 형태와 크기, 환경조건과 양생 방법에 따라서 적절하게 낮은 온도로 유지시켜야 한다. 하지만 배합온도가 30℃ 이하일 때는 온도 영향이 크게 작용하지 않으므로 30~40℃ 사이일 때는(정량의 AE제와 감수제 사용 시) 지연제를 사용하거나 시공속도를 빠르게 함으로써 HPFRCC의 요구성능을 보장할 수 있다. 이런 이유로 적정 배합온도는 최대 40℃이다.

4) 양생

(1) 양생은 표면에서 수분증발을 막기 위해 HPFRCC의 배합 후에 즉시 시작해야 한다.

(2) HPFRCC의 초기 양생 방법과 기간은 굳지 않은 성상에 대한 시험을 실시한 후 적절한 시기, 환경조건의 고려, 부재의 종류 및 크기, 양생 종료 시간에서 외력 영향 및 시공 일정에 맞추어 결정한다.

[해설] (1) HPFRCC에서 타설 이후 초기 양생은 소요강도가 발현될 때까지 유지되어야 하고, 경화 및 유해요인을 피하기 위해 온드와 습도를 유지해야 한다. 약간의 블리딩으로 인해 고온환경에서 초기 양생을 할 경우 HPFRCC 표면의 탈수현상에 대하여 민감하고, 소성수축균열과 다른 위험요소가 초래할 수도 있다. 이런 경우에 그 표면은 물을 뿌려주거나 보호덮개와 같은 적절한 방법으로 탈수현상을 보호해야 한다.

4.9.12 검사

1) 일반사항

(1) 타설에서 검사는 공사의 각 단계마다 HPFRCC와 완성된 구조물 요구성능의 확보를 입증하기 위하여 합리적이고 능률적으로 시행한다.

(2) 이 절에서 명시된 것과 다른 검사 사항들은 콘크리트표준시방서를 참고한다.

[해설] (1) (2) HPFRCC의 타설에서 검사 사항은 HPFRCC와 구조물이 설계성능 요건을 만족하는지 확인한다. 시공의 목표는 완성된 구조물에서 직접 검사하여 구조물이 설계성능을 만족하는지 확인해야 한다. 그러나 완료된 구조물의 검사 사항들은 현재 건물

의 외부 표면이나 요소의 위치/치수 등으로 제한될 수도 있다. 실제 검사는 공사의 각 단계에서 시행되어야 하고, 건물에 요구되어진 성능이 만족되었는지를 검사할 필요가 있다. 이 절은 일반적인 콘크리트와 다른 검사 사항들만을 다루고 있다. 여기에 기술되지 않은 사항은 콘크리트표준시방서를 참조한다.

2) HPFRCC 구성 재료의 허가 및 생산을 위한 검사

(1) 시멘트, 골재 및 혼화재 등 매트릭스를 구성하는 재료는 제조업체의 테스트 등급 보고서에 의해 검사된다. 필요한 경우 추가 시험은 관련 KS 기준에 따라 수행한다.

(2) 배합수는 원칙적으로 콘크리트 구조물에 대한 표준시방서의 "배합수"에 따라 검사한다.

(3) 혼화재는 제조업체의 품질인증 보고서를 통해 검사한다. 필요한 경우 추가 시험은 관련 KS 또는 다른 기준에 따라 검사한다.

(4) 보강섬유는 제조업체의 품질인증 보고서를 통해 검사한다. 필요한 경우, 추가 시험은 관련 KS 또는 다른 기준에 따라 검사한다.

3) HPFRCC의 수용을 위한 검사

(1) HPFRCC의 가능성 및 적절한 검사 항목, 방법, 시기 및 주파수에 대한 검사는 필요한 성능 및 구조의 크기와 중요성에 따라 결정되어야 한다.

(2) HPFRCC가 검사에 의해 배제되는 경우에는 적절한 조치를 통해 재료공급자 및 시공자 사이의 협의에 의해 문제를 해결한다.

[해설] (1) HPFRCC의 시공성능은 시공 방법에 따라 달라진다. 새로운 공법이 적용될 때는 유동성 및 재료분리 저항성 등 굳지 않은 성상에 대한 평가도 중요하다. HPFRCC 검사의 예를 표 4.14에 나타냈다. HPFRCC는 높은 점도로 인해 공기량에 민감하다. 과도한 공기량은 소요강도, 환경 저항성, 표면 미관에 유해한 요인으로 작용할 위험이 있어 부피밀도 검사 항목에 포함하였다. HPFRCC 압축강도는 직경 100mm, 높이 200mm 또는 직경 50mm, 높이 100mm의 원주 공시체를 표준으로 한다. 시험체의 크기는 주로 골재 및 보강섬유의 길이에 따라 결정된다. HPFRCC의 인장강도 특성은 일축인장시험에 의해 측정된 인장항복강도, 최대 인장응력과 다른 관련된 시험 결과이다.

표 4.14 HPFRCC 검사 항목

항목	검사 방법	기간 · 빈도	조건
배합비	각 재료의 측정값	타설마다 비교	허용오차 범위 이내
새로운 사항	담당 엔지니어 또는 이에 상응하는 전문 지식을 가지고 다른 엔지니어에 의해 손으로 육안검사 또는 시험	작업 중 필요한 경우	양호한 작업성, 균질하고 안정적인 품질
유동성	유동값 KS F 2402	작업 시작 시, 표본의 추출 시 품질의 변화가 관찰 될 때	건설 방법으로 요구 조건을 충족
분리저항	v형 깔때기를 통한 유동시간		
부피밀도	KS F 2421		
배합온도	온도 측정		
압축강도	KS F 2405	한 프로젝트의 구조 및 크기의 중요성에 따라 $20m^3$ 에서 $150m^3$에 하루 또는 한 번	적합한 생산의 위험 수준 설계 표준값 이하로 떨어지는 비율이 5% 이하라는 사실을 예측할 수 있을 때
인장항복강도	일축인장 시험 (5장 방법2)		
최대 인장변형			
최대 균열폭	HPFRCC의 균열폭 시험 방법(5장 방법 3, 4)		

4) 시공 및 구조검사

원칙적으로, 콘크리트표준시방서에 준한다.

제 5 장

고인성 시멘트 복합재료 시험 방법

5.1 실험 방법 1 : 강도시험용 공시체의 준비

5.1.1 범위

이 표준은 균열분산 특성을 갖는 "고성능 섬유보강 시멘트 복합재료(HPFRCC)"의 압축강도와 일축인장시험을 위해 공시체를 제조하는 방법을 규정한다.

5.1.2 참조 표준

다음 표준은 참조용으로 이 표준의 일부를 형성하고 있다. 참조 표준은 개정된 최신 표준을 적용해야 한다.

KS F 2401　굳지 않은 콘크리트의 시료 채취 방법

KS F 2403　콘크리트의 강도 시험용 공시체 제작 방법

JSCE-F505　실험실에서 모르타르를 만드는 방법(일본)

JSCE-F506　압축 강도 시험용 모르타르나 시멘트 페이스트를 원통형 시료를 만드

는 방법(일본)

JSCE-F551 실험실에서 철근 콘크리트 강철 섬유의 제조 방법(일본)

JIS A 1115 굳지 않은 콘크리트의 샘플링 방법

JIS A 1132 콘크리트 공시체의 제조 및 양생 방법

JIS A 1138 실험실에서 콘크리트의 시험 샘플을 제조하는 방법

5.1.3 HPFRCC 샘플링

HPFRCC는 다음과 같이 샘플링해야 한다.

(a) 실험실에서 HPFRCC 공시체를 제조할 경우 KS F 2401, KS F 2403 규정에 따라 HPFRCC 재료를 준비한다.

(b) HPFRCC 샘플에 사용되는 믹서, 호퍼, 콘크리트 버킷, 콘크리트 배치기구 등은 동일한 것으로 한다.

(c) 뿜칠용 HPFRCC의 경우, 뿜칠용 HPFRCC와 같은 재료의 폼 패널 등에 직접 분사한 뒤 현장에서 샘플링한다.

5.1.4 공시체 수

공시체 수는 다음과 같이 해야 한다.

(a) 압축시험용 3개 이상

(b) 직접일축인장 시험용 5개 이상

5.1.5 압축 시험용 공시체

1) 공시체 크기

공시체는 지름의 두 배 높이를 가진 원주형이어야 한다. 지름은 KS F 2403 콘크리트의 강도 시험용 공시체 제작 방법에 따라 결정한다.

2) 공시체 제작 장치

공시체는 다음과 같이 제작한다.

(a) 몰드는 금속 또는 플라스틱으로 시멘트계에 강한 비흡수성 재료로 만들어진 원통형이어야 한다.

(b) 공시체의 제조과정에서 몰드의 변형이나 누수가 없어야 한다.

(c) 몰드는 제조되는 공시체에 필요한 정밀도를 확보하도록 설계해야 한다.

(d) 적합한 형태의 이형제, 미네랄 오일은 몰드 내부 표면에 적용할 수 있다.

(e) 나무망치로 압축할 경우 HPFRCC의 압축성을 확보하기 위한 충분한 크기와 무게를 가지고 있어야 한다.

(f) 진동테이블을 사용하여 압축할 경우 HPFRCC의 압축성을 확보하기 위한 충분한 성능을 가지고 있어야 한다.

(g) 캡핑용 판은 몰드의 지름보다 적어도 25mm 이상의 크기이고 6mm보다 두꺼운 연마된 유리 또는 강판이어야 한다.

3) 공시체 제작

(1) 망치 사용

공시체는 실제 작업과 같은 순서로 제조되어야 하며(위치와 분사 방법) 내부 진동기의 사용은 금지한다. 재료의 공극 생성을 최소화하기 위해 멈추지 않고 몰드에 가득 채운 후, 재료를 압축하기 위해 몰드의 측면을 망치로 두드린다. 나무망치로 두드리면 공기량을 줄일 수 있고 매끄러운 표면을 얻을 수 있다.

(2) 진동테이블 사용

공시체는 실제 작업과 같은 순서로 제조되어야 하며(위치와 분사 방법) 내부 진동기의 사용은 금지한다. 재료의 공기 공극률 생성을 최소화하기 위해 멈추지 않고 몰드에 가득 채운다. 공기 공극률을 줄이기 위해 몰드를 진동테이블에 단단히 고정한다. HPFRCC의 특성, 진동테이블의 진동성능에 따라 진동시간을 정하고 진동이 진행되는 동안 재료들이 분리 되지 않도록 관리해야 한다.

(3) 최상층 다짐

재료들은 몰드의 상단까지 가득 채워야 하며 몰드의 상단보다 약간 아래에 있도록 공시체를 다짐한다. 공시체의 단면을 연마하여 마무리할 경우, 다짐된 공시체가 몰드의 상단을 약간 벗어나도록 한다.

4) 공시체의 상단 표면마무리

(1) 공시체 캡핑

공시체의 캡핑은 아래와 같이 수행한다.

(a) 캡핑 재료는 해로운 영향이 없이 HPFRCC에 좋은 접착력이 있어야 한다.

(b) 캡핑 층의 압축강도는 HPFRCC의 예상 압축강도보다 낮아서는 안 된다.

(c) 캡핑 층은 가능한 얇게 해야 한다.

(d) 캡핑의 타이밍은 설정시간, 시험목적 및 HPFRCC의 시험시기에 따라 결정되어야 한다. 분리 전에 공시체를 캡핑하는 경우 2~48시간 중 적합한 시기에 수행한다.

(2) 연마로 마무리할 경우

공시체 마무리를 연마하는 대상은 HPFRCC 시험에 영향을 주지 않는 범위에서 한다.

5) 공시체의 허용치수오차

공시체의 허용치수오차는 KS F 2403에 따라야 한다.

5.1.6 일축인장 시험용 공시체

1) 공시체의 크기

공시체의 크기는 그림 5.1 및 표 5.1에 따라야 한다. 이 기준은 해당 공시체에만 적용한다. 이 기준은 최소 크기가 적어도 섬유 길이의 두 배 되는 크기의 공시체에만 적용한다. 다른 공시체에 대한 일축인장 시험 방법은 별도로 기준을 정하여 그 방법에 따라 제작해야 한다.

2) 공시체 제작 장치

다음 공시체 제작을 위한 장치를 적용해야 한다.

(a) 몰드는 물을 흡수하지 않는 소재로 만들어져야 하고 금속이나 플라스틱으로 시멘트계에 내성이 있어야 한다.

(b) 몰드는 제조 시 변형이나 누수가 없어야 한다.

(c) 몰드는 제조되는 표본에 필요한 정밀도를 확보하도록 설계해야 한다.

(d) 적절한 양식 이형제나 미네랄 오일은 몰드 내부 표면에 적용할 수 있다.

(e) 나무망치로 다짐하는 경우 망치는 무게가 있어야 하고 목표 HPFRCC에 충분한 다짐을 확보할 수 있는 크기여야 한다.

(f) 진동테이블로 성형할 때 테이블은 목표 HPFRCC에 적절한 다짐을 할 수 있는 성능을 가지고 있을 필요가 있다.

3) 공시체 제작

(1) 망치를 사용

공시체는 실제 작업과 같은 순서로 제조되어야 하며(위치와 분사 방법) 내부 진동기의 사용은 금지되어 있다. 재료의 공기 공극률 생성을 최소화하기 위해 멈추지 않고 몰드에 가득 채운 후, 재료를 압축하기 위해 몰드의 측면을 망치로 두드린다. 나무망치로 두드리면 공기량을 줄일 수 있고 매끄러운 표면을 얻을 수 있다.

(2) 진동테이블 사용

표본은 실제 작업과 같은 순서로 생성되어야 하며(위치와 분사 방법) 내부 진동기의 사용은 금지되어 있다. 재료는 내부 공기 생성을 최소화하기 위해 멈추지 않고 몰드에 가득 채운다. 공기량을 줄이기 위해 몰드를 진동테이블에 단단히 고정한다. HPFRCC의 특성 및 진동테이블의 진동성능에 따라 다짐시간을 정하고 다짐이 진행되는 동안 재료들이 분리되지 않도록 관리해야 한다. 또한 지속적으로 과도한 다짐을 주지 않는다.

4) 공시체의 허용치수 오차

공시체의 허용치수 오차는 표 5.1을 준수해야 한다.

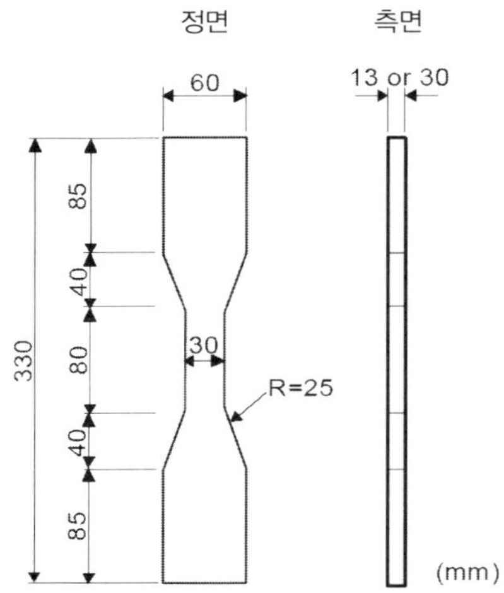

그림 5.1 **일축인장강도 시험용 공시체**[66)]

표 5.1 **일축인장강도 시험을 위한 치수와 시료의 허용오차**[66)] (단위:mm)

구분	평행부의 폭	기존 기준점의 거리	평행부의 길이	두께
크기	30	80	80	13 or 30
허용오차	±1	±1	±1	±1

5.1.7 탈형과 양생

탈형과 양생은 다음과 같이 해야 한다.

(a) 몰드는 성형 후 24~48시간 사이에 제거해야 한다.

(b) 성형 후 공시체를 적절하게 잘 보관·처리해야 한다, 예를 들면 탈형까지 유리판으로 공시체 상단을 덮을 것.

(c) 성형 후 공시체는 특정의 시험목적에 따라 양생되어야 한다.

5.2 실험 방법 2 : 일축인장강도 시험 방법

5.2.1 범위

이 표준은 인장항복강도의 평가 방법을 규정, 여러 미세한 크랙이 있는 "고성능 섬유보강 시멘트 복합재료(HPFRCC)"의 일축인장강도 시험에 의한다.

5.2.2 참조 표준

다음의 표준은 참조용으로 이 표준의 일부를 형성하고 있다. 참조 표준은 개정된 최신 표준으로 적용해야 한다.

5.2.1 시험 방법 1 : 강도 시험용 공시체의 제조

5.2.3 장치

시험기 및 장치는 다음과 같다.

(a) 인장 시험용 시험기는 변위가 제어되는 하중을 사용한다.

(b) 시험기는 적절히 수직 이동되는 물림쇠 사이의 정렬이 확실해야 한다.

(c) 기준점 사이의 변위 측정장치는 1/1,000mm 이상의 정밀도를 가지고 기준점 사이의 변형을 제한해서는 안 된다.

(d) 물림쇠 장치는 공시체 모양과 시험하중에 맞고 공시체의 중앙축을 따라 인장 하중을 허용하도록 설계되어야 한다. 공시체는 한쪽 끝에서 고정된 지지대와 다른 끝

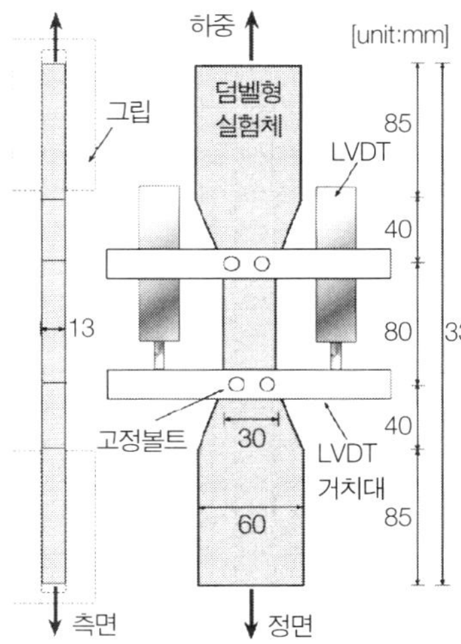

그림 5.2 일축인장 시험의 개요[66]

의 핀(힌지) 지지대에 물림쇠 사이로 시험장치를 배치해야 한다.

다음 그림 5.3과 5.4는 물림쇠 장치의 예로서 공기압 지퍼, 클램프 치구를 사용하는 시험장치이다.

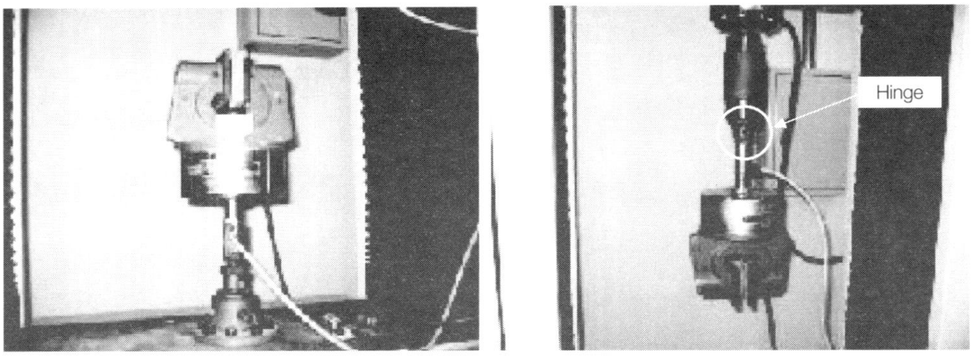

(a) 고정 물림쇠 (b) 힌지 물림쇠

그림 5.3 **공기압 물림쇠 장치의 예**[66)]

(a) 고정 물림쇠 (b) 힌지 물림쇠

그림 5.4 **클램프 치구 물림쇠 장치 예**[66)]

5.2.4 공시체

모양, 크기 및 공시체의 제조 방법은 "5.1 시험 방법 1 : 강도 시험용 공시체의 제조" 안의 일축인장 시험용의 지정된 해당 사항에 따라야 한다.

5.2.5 시험 방법

시험은 다음과 같이 수행해야 한다.

(a) 하중은 공시체의 형상에 적절한 물림쇠 장치를 사용해야 한다. 그림 5.5는 다른 물림쇠 장치로 구성된 시험조건이다.

(b) 하중은 매분 약 0.5mm의 일정한 시료의 변형속도로 적용할 필요가 있다.

(c) 적어도 5개의 공시체를 시험해야 한다.

(a) 공기압축 물림쇠 (b) 클럼프를 사용한 물림쇠

그림 5.5 **다른 물림쇠 장치로 구성된 시험 예**[66]

5.2.6 평가

시험구역의 초기 단면적, 기준점의 거리, 항복점, 인장항복강도, 극한인장변형률, 변형률-경화영역 내의 최대 응력과 인장강도는 아래의 순서로 계산한다.

(a) 시험구역의 초기 단면적은 양단에 3개의 섹션 평균값과 기준점의 중심으로 얻는다.

(b) 기준점의 거리는 적절한 측정기로 측정되어야 한다.

(c) 인장항복 힘 f_{tyi}(N/mm^2)의 시험값은 다음 식으로 구한다.

$$F_{tyi} = \frac{F_{ty}}{A_0} \tag{5.1}$$

여기서, F_{ty} : 항복점에서 하중(N)[1)]

A_0 : 공시체의 시험구역 초기 단면적(mm^2)

주기 1) 항복점 : 공시체의 인장 시험에서 얻은 응력 – 변형 관계에서 초기 균열지점의 증가로부터 응력 변화가 감소하는 볼록한 변곡점에 이어 줄의 곡선이 시작되는 지점(연화점)[2)] 사이에 발견되는 최소 부하를 대표하는 지점

주기 2) 연화점 : HPFRCC의 직접일축인장 시험에서 인장하중이 증가할수록 초기 균열 이후 여러 미세한 균열이 생기게 된다. 이러한 여러 미세한 균열이 생기게 된 후 인장응력은 특정 균열폭이 증가하면서 급속하게 줄어든다. 균열폭의 증가와 관련된 감소가 시작되는 점이 "연화점"이다. 응력의 증가가 중지하고 연화가 시작되는 지점을 "반곡점"이라 한다.

(d) 변형경화영역 f_{pshi}(N/mm^2) 의 최대 응력의 시험값은 다음 식으로 구한다.

$$f_{pshi} = \frac{P_{psh}}{A_0} \tag{5.2}$$

여기서, F_{psh} : 항복점과 연화 시작점 사이에서 변형이 시작 되는 최대 하중(N)

(e) 인장강도 f_{ti}(N/mm^2)의 시험값은 다음 식으로 구한다.

$$f_{ti} = \frac{F_t}{A_0} \tag{5.3}$$

여기서, F_t : 최대 하중(N)

(f) 최대 인장변형률로 정의된 연화 시작 지점에서 변형률은 다음 식으로 구한다.

$$\varepsilon_{tui} = \frac{l_u - l_0}{l_0} \times 100 \tag{5.4}$$

여기서, l_u : 극한점에서 기준점까지 거리(mm)

l_0 : 최초 기준점의 거리(mm)

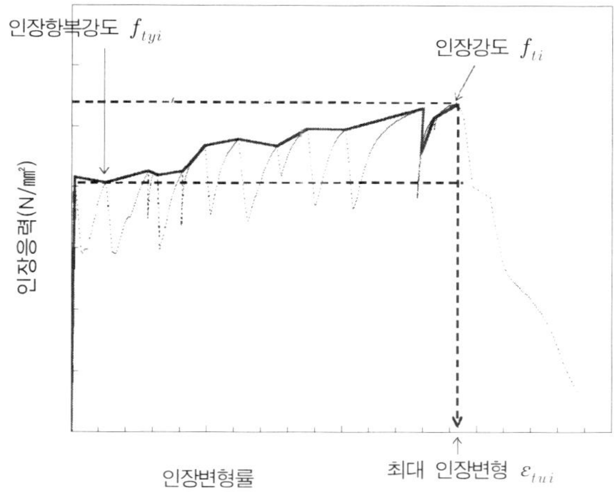

그림 5.6 **항복점, 극대점과 인장강도**[66)]

(g) 인장항복강도, 최대 인장변형률, 변형-경화영역에서 최대 응력과 인장강도는 극대 및 극소의 최대 인장강도값을 제외한 3개 이상 공시체의 평균값에서 파생된다. 하지만 실행된 시험의 결과는 인장항복강도, 최대 인장변형률, 변형-경화영역에서 최대 응력 및 인장강도 같은 변동계수의 분산도를 계산하기 위해 사용되어야 한다.

5.2.7 보고서

보고서에는 다음 중 필요한 사항을 포함해야 한다.

(a) 시험날짜 년/월/일

(b) 공시체의 번호

(c) 공시체를 시험한 영역의 평행부분 폭과 두께(mm)

(d) 공시체의 제조날짜와 공시체의 재령

(e) 최대 하중(N)

(f) 인장항복강도(N/mm^2)

(g) 변형경화영역에서 최대 응력(N/mm^2)

(h) 인장강도(N/mm^2)

(i) 최대 인장변형률(%)

5.3 실험 방법 3 : HPFRCC의 균열폭 시험 방법(균열폭의 평균과 최대값)

5.3.1 범위

이 표준은 많은 미세균열이 있는 고성능 섬유강화 시멘트 복합재료(HPFRCC)의 일축인장실험에 있어서 유도된 균열의 최대값을 측정하는 방법의 규정이다. 이 표준은 HPFRCC의 균열 분산이 평균과 최대 균열폭의 관점에서 평가하는 경우에도 응용한다. 규정된 이 시험을 실시함에 있어 KS F 2438에 따른 정탄성계수 시험은 탄성계수를 얻을 수 있는 같은 재료로 수행한다.

5.3.2 참조 표준

표준은 이 문서에서 언급한 표준의 일부 양식을 인용하였으며 인용 시 최신의 참조 규격판을 적용해야 한다.

5.1 실험 방법 1 : 강도 시험용 공시체의 준비

5.2 실험 방법 2 : 일축인장강도 시험 방법

KS F 2438 : 콘크리트의 정탄성계수 시험 방법

5.3.3 장치

시험 기계 및 장치는 5.2 "실험 방법 2 : 일축인장강도 실험 방법"에 규정된 것을 사용한다.

5.3.4 공시체

공시체는 "실험 방법 1 : 강도 시험용 공시체의 준비"에 규정된 것을 사용해야 하며, 또한 다음 기준을 충족해야 한다.

(a) 공시체의 형상, 치수와 제조 방법은 "5.1 실험 방법 1 : 강도 시험용 공시체의 준비[1)]"에 따라야 한다.

주기 1) 시험 공시체의 재령은 원칙적으로 4주가 된 것이어야 하나 구체적인 시험목적에 맞게 적절하게 변경할 수 있다.

(b) 공시체는 필요한 양생이 완료되면 즉시 시험을 할 수 있도록 준비되어 있어야 한다[2)].

주기 2) HPFRCC는 시료의 수분 함유량과 시험환경의 상대습도에 따라 변성될 수도 있기 때문에 양생이 완료된 후에 즉시 시험을 실시해야 한다.

(c) 공시체 시험영역의 중심선은 미리 표시해야 한다.

5.3.5 시험 방법

시험은 다음의 순서에 의해 실행되어야 한다.

(a) 하중을 가할 때 그림 5.7과 같이 공시체의 형상에 맞는 물림쇠 장치를 사용한다.

(b) 시험영역에서의 변형을 측정하기 위하여 변위 변환기를 지그로 공시체에 고정해야 한다.

(c) 하중은 공시체에 충격을 주지 않고 변형을 유도하기 위해 일정한 속도로 하중을 주어야 한다. 변형속도는 초당 약 0.5mm이어야 한다.

(d) 필요한 변형 수준에 도달하기 전까지 공시체에 하중을 준다.[3)]

주기 3) "소요변형 수준"은 최대 인장변형률의 특성값에서 나타난 변위의 총합이다.

(e) 최소 5개 이상의 공시체를 시험해야 한다.

5.3.6 평가

평균 및 최대 균열폭은 다음의 절차에 따라 실행한다.

(a) 평균 균열폭 μ_w은 다음 중 하나의 방식으로 해야 한다.

(b) 균열의 수에 따라 (T3.6.1)의 방식을 사용

공시체의 변형이 최대 인장변형률 값에 도달하면, 공시체의 압력 수준을 무하중

상태로 유지한다. 발생한 시험영역의 표면 균열 수를 뜻하는 N_c는 중심축을 따라 육안으로 확인하여 측정한다. ε_{tuk}에 해당하는 공시체의 영역에서 응력 σ_{tui}를 기록한다.

$$\mu_w = \frac{80\left(\varepsilon_{tuk} - \dfrac{\sigma_{tui}}{E_c}\right)}{N_{cr}} \tag{5.5}$$

(c) 균열폭의 직접 측정에 따른 식 (5.6)의 방식을 사용

공시체의 변형률이 최대 인장변형률 값에 도달하면 공시체의 변형 수준을 무하중 상태로 유지한다. 0.01mm 이상의 정확도로 너비를 측정할 수 있는 방법으로 모든 균열폭 w_i을 중심축 각각 균열 사이의 교차점에서 측정한다.

$$\mu_w = \frac{1}{N}\sum_{i=1}^{N} w_i \tag{5.6}$$

여기서, w_i : 공시체의 변형이 최대 인장변형률 값일 때 균열의 폭을 측정한 값을 나타냄

N : 공시체의 변형이 최대 인장변형률 값일 때 균열의 폭을 측정한 것의 표본값 측정횟수

(d) 균열의 폭 $w_{\lim}$의 신뢰할 만한 한계 수치는 다음의 식에 의해 산출된다.

$$w_{\lim} = \mu_w(1 + 1.645\,\delta_w) \tag{5.7}$$

(e) 평균 균열폭 및 최대 균열폭 값은 각각의 측정된 공시체의 μ_w과 $w_{\lim}$ 수평값의 수치로 각각 계산된다.

5.3.7 보고서

보고서에는 다음 중 필요한 항목을 포함해야 한다.

(a) 시험날짜 년/월/일

(b) 공시체 번호

(c) 공시체 시험영역의 평행부분 폭과 두께(mm)

(d) 공시체의 제조날짜와 재령

(e) 최대 인장변형률의 특성값은 최대 인장변형률 값(N/mm^2)과 영(率)계수의 특성값에 도달했을 때의 시간에 변형률을 채택한다.

(f) 최대 인장변형률 특성값까지 도달했을 때, 균열의 개수와 균열폭의 평균, 균열폭의 신뢰할 만한 한계 수치

(g) 평균 균열폭(mm)

(h) 최대 균열폭(mm)

5.4 실험 방법 3 : HPFRCC의 균열폭 시험 방법(균열폭의 변동)

5.4.1 범위

이 표준은 변형이 최대 인장변형률 값에 변형(strain) 수치가 도달했을 때, 균열폭의 변동계수에 대한 관점에서 많은 미세균열이 있는 "고성능 강화섬유 시멘트 복합재료"(HPFRCC)의 균열폭 변동성을 평가하는 방법을 규정한다.

5.4.2 참조 표준

표준은 이 문서에서 언급한 표준의 일부 양식을 인용하였으며, 인용시 최신의 참조 규격판을 적용해야 한다.

5.1 실험 방법 1 : 강도 시험용 공시체의 준비

5.2 실험 방법 2 : 일축인장강도 시험 방법

5.4.3 장치

시험 기계 및 장치는 "5.2 실험 방법 2 : 일축인장강도 시험 방법"에 규정된 것을 사용한다.

5.4.4 공시체

공시체의 형상, 치수와 제조 방법은 "실험 방법 1 : 강도 시험용 공시체의 준비"에 명시된 일축응력 시험에 따라야 한다.

5.4.5 시험 방법

1) 인장 시험 방법

인장시험은 다음의 순서에 의해 실행되어야 한다.

(a) 하중을 줄 때 공시체의 형상과 맞는 물림쇠 장치를 사용해야 한다.

(b) 하중은 분당 약 0.5mm의 일정한 공시체 변형속도로 준다.

(c) 균열폭을 측정한 공시체의 개수는 5개 이상이어야 한다.

2) 균열폭의 측정 방법

균열폭은 다음과 같이 측정한다.

(a) 공시체의 변형률이 최대 인장변형률 값에 해당하는 수준에 도달했을 때, 공시체의 압력 수준을 무하중 상태로 유지한다.

(b) 변형률이 최대 인장변형률 값에 도달하기 전에 파괴된 모든 공시체는 균열폭의 측정에서 제외해야 한다.

(c) 최대 인장변형률 값이 무하중 상태가 된 이후에 그 상태로 고정하는 동안 0.01mm 이상의 정확도로 너비를 측정할 수 있는 방법으로, 모든 균열의 폭 w_i을 중심축과 각각의 균열 사이의 교차점에서 측정한다.

5.4.6 평가

변동계수 δ_w는 공시체를 시험하면서 발성한 모든 균열폭을 사용하여 식 (5.8)로 계산한다.

$$\delta_w = \frac{\sigma_w}{\mu_w} \tag{5.8}$$

여기서,

$$\sigma_w = \sqrt{\frac{1}{(N-1)}\sum_{i=1}^{N}(w_i - \mu_w)^2}$$

$$\mu_w = \frac{1}{N}\sum_{i=1}^{N} w_i$$

w_i : 변형이 최대 인장변형률 값에 도달했을 때 균열폭의 측정값

N : 변형이 최대 인장변형률 값에 도달했을 때 측정된 균열폭의 측정횟수

5.4.7 보고서

보고서에는 다음 중 필요한 항목을 포함해야 한다.

(a) 시험날짜 년/월/일

(b) 공시체 번호

(c) 공시체 시험영역의 평행부분 폭과 두께(mm)

(d) 공시체의 제조날짜와 재령

(e) 부분적인 응력을 주어서 변형이 최대 인장변형률 값(N/mm^2)에 도달했을 때의 그 값을 채택

(f) 균열폭의 측정값(mm), 균열폭 측정횟수, 평균 균열폭 측정값(mm) 및 균열폭 측정값의 표준 편차(mm)

(g) 균열폭의 변동계수

참/고/문/헌

1) 高引性セメント複合材料の性能評價と構造利用研究委員會, "高引性セメント複合材料を知る作る使う", 日本コンクリト工學協會, 2002.1.

2) 윤현도 · 김규용 · 양일승 · 손유신 · Fukuyama · 김무한, "고인성 섬유보강 시멘트 복합재료의 복합구성에 의한 휨성능," 한국콘크리트학회 학술발표 논문집, 15권 1호, pp.367~372.

3) Naaman, A. E. and Reinhardt, H. W. "Characterization of High Performance Fiber Reinforced Cement Composites", HPFRCC, High Performance Fiber Reinforced Cement Composites 2(HPFRCC2), 1996, pp.1~23.

4) Li, V. C., "From Micromechanics to Structural Engineering, The Design of Cementitious Composites for Civil Engineering Applications", J. Struct. Mech. Earthquake Eng., Japan Society of Civil Engineers, Vol.10, No. 2, pp.37~48.

5) 오병환, "마이크로-매크로 하이브리드 복합섬유를 이용한 콘크리트 보수 · 보강 신재료 개발, 산학연 공동 연구개발사업, 서울대, 2003-2006.

6) 김진근, "고인성, 고내구성 신섬유 복합재료를 이용한 구조물 보수/보강법의 개발", 산학연 공동 연구개발사업, KAIST, 2003-2006.

7) 윤현도, "플루오르화에 의해 부착성능이 개선된 고인성 복합섬유보강 콘크리트 제조 기술개발", 산학연 공동 연구개발사업, 충남대, 2003-2005.

8) 김윤용, Li, Victor. C, "거더교의 슬래브 연속화를 위하여 도입한 고인성 콘크리트(ECC) 연결 슬래브의 거동 특성" 대한토목학회 논문집

9) Reinhardt, H. W. and Fritz, C., "Optimization of SIFCON Mix", Fibre Reinforced cements and Concretes, Recent Developments, 1989, pp.11~20.

10) 鵜澤正美 · 山田一夫, "RPCお用した超高强度 · 高じん性コンクリートの開發動向", コンクリト工學, Vol.39, No.2, 2001, pp.53~56.

11) Li, V. C., Kanda, T. "Engineered Cementitious Composites for Structural Applications", ASCE J. Materials in Civil Engineering, Vol. 10, No.2, May 1998, pp.66~69.

12) 平石剛紀 · 閑田徹志, "吹付けECCの引長性能の信頼性に關する實驗的研究", 日本コンクリト工學協會, 高靭性セメント複合材料に關するシンポジウム論文集, 2003.12, pp.119~124.

13) 김윤용, "미세역학이론과 레올로지 제어에 의한 습식스프레이용 고인성 섬유보강 모르타르(ECC)의 개발", 콘크리트학회 논문집 : Vol.15 No.4, 2003, pp.557~565.

14) Y. Shao, S Marikunte, S. P. Shah, "Extruded Reinforced Composites", Concrete International, April, 1995, pp.48~52.

15) Y.Shao, S.P. Shah, "Mechanical Properties of PVA Fiber Reinforced Cement Composites Fabricated by Extrusion Proceesing", ACI Materials Journal, Vol. 94, No. 6, 1997, pp.555~564

16) K. Yamada, S. Ishiyama et al., "Role of additives in cement comosites for extursion molding process", Proceedings of the NOCAMAT/3-Vietnam 3rd conference on non-conventional materials and techanologies, Vietnam Institute for Building Science and Technology, March, 2002, pp.265~271.

17) 土木学会, コンクリート標準示方書, 施工編, 2002.

18) Lim, Y. M. and Li, V. C./ Durable Repair of Aged Infrastructures Using Trapping Mechanism of Engineered Cementitious Composite, J. of Cement and Concrete Composites, vol.19, No.4, 1997, pp.375~385.

19) Li. V. C., "Reflections on the Research and Development of Engineered Ceme ntitious Composites (ECC), Proceedings of the JCI International Workshop on Ductile Fiber Reinforced Cementitious Co mposites (DFRCC)-Application and Eval uation, JCI 2002.10.

20) Fukuyama, H., Matsuzaki, Y., Sato, Y., Iso, M. and Suwada, H., "Structural Performance of Engineered Cementitious Composite Elements, Composite and Hybrid structures", Proceeding of 6th ASCCS Conference, ASCCS-6 Secretari at, 2000.3, pp.969~976.

21) 募谷武可, 谷口俊哉, 國技捻, 謙田敏郎, 六郷惠哲, "ECCを用いた鐵筋コンクリート部材の力學擧動の評價", 土木學會第56回年次學術講演會講演概要集, Vol.555, pp.1110~1111, 2001.

22) H.-D. Yun, I.-S. Yang, S.-W. Kim, E. Jeon, C.-S. Choi and H. Fukuyama, Mechanical properties of high-performance hybrid-fibre-reinforced cementitious composites (HPHFRCCs), Magazine of Concrete Research, 59(4), 2007, pp.257~271.

23) 전영석 · 김규용 · 남정수 · 김영덕 · 정재홍 · 이승훈, 건축시공 현장적용을 위한 비빔방법에 따른 SHCC의 역학적 성능 평가, 한국건축시공학회 논문집, 11(6), 2011, pp.530~537.

24) 김윤용 · 김정수 · 김희신 · 김진근 · 하기주, 마이크로 역학에 의하여 제조된 고인성 섬유복합 모르타르의 역학적 특성, 한국콘크리트학회 가을학술발표 논문집, 2004, pp.825~828.

25) 김장호 · 김동완 · 경민수 · 배병원 · 임윤묵, 고기능성 시멘트계 복합재료의 휨 및 인장 특성에 대한 연구, 대한토목학회 정기학술대회 논문집, 2003, pp.1292~1297.

26) 조창근 · 임현진 · 송진규 · 양근혁, 고인성 무시멘트 복합체 모르터의 성능 평가, 대한건축학회 추계학술발표대회 논문집 구조계, 2011, pp.327~328.

27) 조창근 · 박창환 · 김화중, 비정질 강섬유 혼입시멘트 모르터의 직접인장특성, 한국콘크리트

학회 가을학술대회 논문집, 2011, pp.237~238.

28) 노형남 · 김주상 · 황남순 · 김재환 · 이상수 · 송하영, 고인성 모르타르의 내구특성에 관한 실험적 연구, 2007, 한국콘크리트학회 가을학술발표회 논문집, 2007, pp.865~868.

29) 윤현도 · 김규용 · 히로시 후쿠야마 · 이영오 · 전수만 · 이원석, 동결융해에 노출된 변형 경화형 시멘트 복합체의 직접인장성능, 한국콘크리트학회 가을학술발표회 논문집, 2007, pp.865~868.

30) 김영우 · 민경환 · 양준모 · 윤영수, 하이브리드 PVA섬유를 이용한 HPFRCCs의 휨 및 충격 성능 평가, 한국콘크리트학회 논문집, 21(6), 2009, pp.705~712.

31) 김규용 · 남정수 · 미야우치 히로유키, 고속 비상체의 충돌을 받는 섬유보강 모르타르의 내충격 성능평가, 대한건축학회 논문집 구조계, 27(9), 2011, pp.101~108.

32) 황헌규 · 남정수 · 김홍섭 · 이인철 · 미야우치 히로유키 · 김규용, 혼입 섬유종류 및 PVA+STF 패널 중공층 두께에 의한 섬유보강 모르타르의 방폭성능 평가, 대한건축학회 논문집 구조계 28(9), pp.115~122.

33) 한병찬 · 권영진 · 김재환, 화재 온도를 받는 고인성 · 고내화성 시멘트 복합체의 거동, 한국콘크리트학회 논문집, 19(2), pp.189~197, 2007.

34) 김광윤 · 한병찬 · 유석형 · 권영진 · 신성우, ECC를 활용한 고강도콘크리트 기둥의 폭렬 저감 방안에 대한 실험적 연구, 대한건축학회 논문집, 24(9), 2008, pp.105~112.

35) 노형남 · 김재환 · 김용로 · 김욱종 · 권영진 · 이상수, 고인성 외곽 거푸집의 역학성능 및 이를 활용한 RC기둥의 내화성능에 관한 실험적 연구, 한국건축시공학회 학술발표대회 논문집, 8(2), 2008, pp.199~203.

36) Jang-Ho Jay Kim, Yun Mook Lim, Jong-Pil Won, Hae-Geun Park, Kyong-Min Lee, Shear capacity and failure behavior of DFRCC repaired RC beams at tensile region, Engineering structures 29, 2007, pp.121~131.

37) Sun-Woo Kim, Hyun-Do Yun, Crack-damage mitigation and flexural behavior of flexure-dominant reinforced concrete beams repaired with strain-hardening cement-based composite, Composites: Part B 42, 2011, pp.645~656.

38) 최윤철 · 최창식 · 김현민 · 이리형, 개구부를 가지는 전단벽의 숏크리트 보강, 한국구조물진단학회지, 11(5), 2007, pp.71~80.

39) 최현기 · 박병규 · 배백일 · 최창식, ECC로 보강한 비보강 조적 벽체의 횡력 저항 성능 향상, 대한건축학회 논문집 구조계, 26(12), pp.3~10.

40) 윤현도 · 김선우 · 이갑원 · 최창식 · 이혜연 · 고인성 시멘트 복합체를 사용한 끼움벽으로 보강된 비내진 상세 철근콘크리트 골조의 내진성능, 대한건축학회 논문집 구조계, 22(5),

2006, pp.31~38.

41) 양해준 · 강수원 · 장석준 · 어중걸 · 한승주 · 윤현도, 프리캐스트 끼움벽의 변형성능 및 슬릿형상에 따른 내진성능평가, 대한건축학회 추계학술발표대회 논문집, 2012, pp.433~434.

42) 윤현도 · 김선우 · 전에스더 · 박완신, 철판 보강된 섬유보강 시멘트 복합체 합성 커플링 보의 내진성능, 대한건축학회 논문집 구조계, 22(8), 2006, pp.37~44.

43) 윤현도 · 변장배 · 전수만 · 황선경, 중심 축력을 받는 HPFRCC 기둥의 압축거동, 대한건축학회 논문집 구조계, 22(10), 2006, pp.29~36.

44) Chang-Geun Cho, Yun-Yong Kim, Luciano Feo, and David Hui, Cyclic responses of reinforced concrete composite columns strengthened in the plastic hinge region by HPFRC mortar, Composites Structures 94, 2012, pp.2246~2253.

45) 류창희 · 최현기 · 최윤철 · 최창식, 철골연결재 및 고인성섬유복합체를 이용한 프리캐스트 보-기둥 접합부의 개발, 대한건축학회 학술발표대회 논문집 구조계, 29(1), 2009, pp.335~338.

46) 하기주 · 이동렬, 고인성섬유 복합모르타르를 활용한 플랫 플레이트 슬래브-기둥 접합부의 내진성능 평가 및 개선, 한국콘크리트학회 논문집, 24(3), 2012, pp.341~349.

47) W.S. Park, S.W. Kim, N.Y. Eom, and H.D. Yun, Seismic performance of connection between steel coupling beam and pseudo strain hardening cementitious composites wall, Advanced Science Letters 17, in press, 2012.

48) 蒼谷 幸憲, 福山 洋, 中野 克彦, 松崎 育弘, "高靭性セメント系複合材料を用いた梁部材の構造性能", コンクリート工學年次論文集, Vol.21, No.3, 1999.7, pp.511~516.

49) FUKUYAMA, Hiroshi; SUWADA, Haruhiko.; MUKAI, Tomohisa, Test on highperformance wall elements with HPFRCC. In: FISCHER, G; LI, V. C. (ed.). International RILEM Workshop on High Performance Fiber Reinforced Cementitious Composites in Structural Application. RILEM Publications SARL, 2006. pp.365~374

50) 笠原美幸, 松崎 育弘, 中野 克彦, 福山 洋, "高靭性型セメント系複合材料を用いた柱部材の構造性能に關する實驗研究", コンクリート工學年次論文集, Vol.22, No.3, 2000.6, pp.385~390.

51) 日本建築学会:鉄筋コンクリート構造物の終局強度型耐震設計指針・同解説, 1990.

52) 岩渕一徳, 福山洋´ 外１人 "高靭性セメン卜複合材料を用いた付加柱によるピロティ建築物の応答制御", コンクリート工學年次論文集, Vol.25, 2003, pp.1327~1332.

53) 関田徹志, 坂田昇, 国枝稔, 六郷恵哲：複数微細ひび割れ型繊維補強セメント複合材料(HPFRCC)の研究の現状と構造利用の事例, コンクリート工学, Vol.44, No.3, 2006.3, pp.3~10.

54) Minoru Kunieda and Keitetsu Rokugo: Recent Progress on HPFRCC in Japan - Required Performance and Applications -, Journal of Advanced Concrete Technology, Japan Concrete

Institute, Vol.4, No.1, 2006.2, pp.19~33.

55) 三田村浩, 福田一郎, 加藤静雄, 六郷恵哲：高靭性セメント複合材料で上面増厚した鋼床版の水中環境下の輪荷重走行試験, コンクリート工学年次論文報告集, Vol.28, No.2, 2006, pp.1555~1560.

56) 三田村浩, 坂田昇, 赤代恵司, 須田久美子, 平石剛紀：鋼床版への高靭性繊維補強セメント複合材料ECCを用いた補強工法の適用－美原大橋における施工－, 橋梁と基礎, Vol.39, No.8, 2005.8, pp.88~91.

57) Mitamura, H., Sakata, N., Shakushiro, K., Suda, K. and Hiraishi, T. "Application of Overlay Reinforcement Method on Steel Deck Utilizing Engineered Cementitious Composite-Mihara Bridge-" Bridge and Foundation Emgineering, Vol. 39, No. 8, 2005, pp.88~91.

58) 土木学会：複数微細ひび割れ型繊維補強モルタルの評価と利用, コンクリート技術シリーズ 64, 2005.7.

59) 須田久美子, 六郷恵哲：鉄道高架橋の曲げひび割れ部中性化抑止対策工への吹付けECC工法の適用, コンクリート工学, Vol.41, No.5, 2005.5, pp.162~167.

60) 특허, "변형경화형 시멘트 복합재료를 사용한 철근콘크리트 구조물의 보수 보강공법", www.eng-ams.com

61) 특허, "고인성 · 고내화성 혼합모르타르 조성물과 이를 이용한 보수공법 및 이의 시공장치", www.eng-ams.com.

62) 한국콘크리트학회, 콘크리트표준시방서 해설, 2009.

63) 한국콘크리트학회, 콘크리트구조기준 해설, 2012.

64) 한국콘크리트학회, 콘크리트구조기준 예제집, 2012.

65) 대한건축학회, 건축구조기준 및 해설, 2009.

66) 대한토목학회, 도로교표준시방서, 1996.

67) Japan Concrete Institute, "Recommendations for Design and Construction of High Performance Fiber Reinforced Cement Composites with Multiple Fine Cracks(HPFRCC)", Cocrete Engineering Series 82, 2008.

68) Japan Concrete Institute, "Committee Report on Ductile Fiber Reinforced Cementitious Composites" JCI, 57, 2002.

69) 土木学会: 2002年制定コンリート標準示方書[構造性能照査編], 2002.

콘크리트 실무지침

섬유보강 고인성 시멘트 복합재료의 구조적 이용과 성능 평가

2014년 12월 25일 1판 1쇄 인쇄
2014년 12월 30일 1판 1쇄 발행

관리주체 사단법인 한국콘크리트학회
서울특별시 강남구 테헤란로 7길 22
한국과학기술회관 신관 1009호
TEL. 02)568-5984~7
FAX. 02)568-1918

출판보급처 기 문 당
서울시 성동구 무학봉 28길 4-1
TEL. 02)2295-6171(代)~5
FAX. 02)2296-8188

출판등록 1976. 10. 7 (1-44)

홈페이지 http : // 기문당
http : // www.kimoondang.com

I S B N 978-89-6225-675-8 93530

정 가 13,000원